人民交通出版社"十三五"
高职高专土建类专业规划教材

建筑识图与构造技能训练手册 （第二版）

主　编　金梅珍
副主编　林　丽
主　审　杨云会

人民交通出版社股份有限公司

北京

内 容 提 要

本手册与董罗燕主编的《建筑识图与构造》(浙江省普通高校"十三五"新形态教材)配套使用。全书共设 7 个项目 21 个任务,书后附有两套施工图。

本手册可作为高等职业技术院校建筑工程技术、建筑工程管理、建设工程监理、工程造价等专业"建筑识图与构造"课程教学配套用书,也可作为建筑技术人员的自学参考书。

图书在版编目(CIP)数据

建筑识图与构造技能训练手册/金梅珍主编—2 版. —北京:人民交通出版社股份有限公司,2016.8

ISBN 978-7-114-13098-4

Ⅰ. ①建…　Ⅱ. ①金…　Ⅲ. ①建筑制图—识别—手册②建筑构造-手册　Ⅳ. ①TU204-62②TU22-62

中国版本图书馆 CIP 数据核字(2016)第 131826 号

书　　　名:建筑识图与构造技能训练手册(第二版)
著 作 者:金梅珍
责任编辑:陈力维　邵　江
出版发行:人民交通出版社股份有限公司
地　　址:(100011)北京市朝阳区安定门外外馆斜街 3 号
网　　址:http://www.ccpcl.com.cn
销售电话:(010)59757973
总 经 销:人民交通出版社股份有限公司发行部
经　　销:各地新华书店
印　　刷:北京交通印务有限公司
开　　本:787×1092　1/8
印　　张:19
字　　数:478 千
版　　次:2011 年 11 月　第 1 版
　　　　　2016 年 8 月　第 2 版
印　　次:2022 年 7 月　第 2 版　第 5 次印刷　总第 9 次印刷
书　　号:ISBN 978-7-114-13098-4
定　　价:38.00 元

(有印刷、装订质量问题的图书由本公司负责调换)

前/言

PERFACE

　　本书是在浙江省"十一五"重点教材《建筑识图与构造技能训练手册》的基础上,为适应国家标准、规范的变化,特别是适应平法制图新规则的变化,以及当前各校建筑识图课程的教学改革趋势而修订的。本书与董罗燕主编的《建筑识图与构造》配套使用。该配套教材在《建筑识图与构造》(第二版)的基础上作了修订,为浙江省普通高校"十三五"新形态教材,由人民交通出版社股份有限公司出版。

　　本书以施工图识图能力训练项目为主线、基于"以职业活动为导向、突出能力目标、以学生为主体、以项目任务为载体"的理念编写,修订了手册中的训练内容及附图,在原来技能训练任务中增加了理论复习与考核内容,以更好地满足学生进行自主学习训练、复习与检验的需求,并可更有针对性地指导学生进行理论与技能的复习与考核,适应理实一体的学习、训练及考核的需要。

　　根据"建筑识图与构造"课程教学需要,本书立足于学生实际工程图识图技能的培养与综合素质的提高,结合课程理论技能考核方式的实施要求,技能任务的编写由浅入深,并将最新的国家标准、有关规范及图集的运用融入其中。同时,调整了手册的内容结构:一是对原任务书指导书进行合并;二是为项目1~项目4的训练内容增加了理论知识训练内容,同时对实践训练内容进行项目的整合与优化;三是项目5,根据具体图纸需求,增加综合训练识图内容,增加对不同图纸的适应性。本版技能训练手册由各项目的任务书与指导书、理论自测、技能训练等三部分组成。

　　本书的训练方式主要有下列几种:一是直接在手册上作图、解答或自备图纸绘图;二是在测绘实物建筑或1:1建筑仿真模型的基础上绘图;三是根据给定图形进行模型制作;四是在识读土建施工图的基础上完成识图报告或补绘相关图样;五是在审阅施工图的基础上完成施工图自审记录或图纸会审纪要;六是通过设计,绘制房屋建筑施工图。通过上述方式的训练,培养与提高学生的空间想象能力、房屋建筑工程图识图能力、工业与民用建筑常见构造节点处理能力。

　　本书由浙江广厦建设职业技术学院金梅珍主编并统稿,林丽任副主编,昆明冶金高等专科学校杨云会主审。项目1、4由吕淑珍编写,项目3、5由金梅珍编写,项目2(2.1)由林丽编写,项目2(2.2、2.5)由王春福编写,项目2(2.3、2.4)由董罗燕编写,项目6由浙江江南工程管理股份有限公司张正平编写,项目7由王春福编写。附图由兼职教师张正平提供,林丽负责手册附图修订,赵乔乔、胡作霖参与图纸绘制与格式修改。在此,对以上人员所付出的努力表示衷心的感谢!

　　本书可作为高等职业技术院校建筑工程技术、建筑工程管理、工程监理、工程造价等专业"建筑识图与构造"课程的教学配套用书,也可作为建筑工程技术人员的自学参考书。

　　由于编者水平有限,加上时间仓促,书中不足或欠妥之处在所难免,敬请广大读者批评指正。

编　者

2016 年 3 月

目 / 录

CONTENTS

项目1　建筑形体与房屋建筑施工图初识

任务1.1　绘制心中的一栋建筑图，标出各部位的名称

任务1.2　识读建筑形体投影图

任务1.3　初识房屋建筑施工图

任务1.1　认识课程、明确目标,绘制心中的一栋建筑图;标出各部位的名称

子任务　**1.认识课程、明确目标,绘制心中的一栋建筑图**

2.标出建筑各部位名称

1.1.1　任务书与指导书

1)目的

(1)明确建筑物的构造组成。

(2)提高空间想象能力。

2)内容与要求

(1)在教师的指导下参观实物建筑、建筑施工现场或1:1建筑仿真模型,课后自我参观,明确建筑物的构造组成。

(2)绘制心目中的一栋建筑图。

【内容】自由发挥想象,绘制自己心目中的一栋建筑图,尽可能把自己想象中的建筑用图形完整美观地表现出来;尽可能多地标注出所设计的建筑物各构造组成名称,注明建筑名称、结构类型等。

绘制完成后,学生(代表)展示讲解。

【要求】将想象中的建筑绘制成图,尽可能完整美观,标注类型与组成。

(3)标注建筑各部位的名称。

【内容】根据所给的建筑物轴测图,标注建筑各部位名称,并填入图中的方框内。

【要求】各部位名称标注正确。

3)应交成果

(1)图:心目中的一栋建筑。

(2)标注了各部位名称的建筑物立体图。

4)时间要求

(1)心目中的一栋建筑:课内 + 课后完成。

(2)标出建筑物各部位的名称:课内完成。

5)指导

(1)教师分批带领学生参观并讲解:建筑组成及类型——实物建筑、建筑施工现场或1:1建筑仿真模型。并对如何利用实物建筑、建筑施工现场或1:1建筑仿真模型进行进一步学习做好引导。

(2)绘制心中的建筑图时,启发学生充分发挥想象能力,自由发挥完成绘图任务。对图形不作具体要求。学生间可相互讨论,相互评论;作品完成后根据学生的绘图情况,抽2~3位学生展示讲解,在教师与学生评价后可再进行修改。在所绘图中,应尽可能多地标注构造组成,并写出自己所绘制图形的结构类型、建筑名称等。

(3)相关知识:建筑物的组成。在所给建筑物立体图中标注建筑各部位名称时,应在认真听课、复习或课外查阅资料的基础上独立完成。

1.1.2 理 论 自 测

班级_____姓名_____学号_____自评_____互评_____师评_____

1) 单项选择题

(1) 建筑是建筑物和构筑物的总称,下列建筑中,( )属于建筑物。

    A. 住宅、堤坝   B. 电视塔、学校   C. 工厂、展览馆   D. 烟囱、办公楼

(2) 民用建筑包括居住建筑和公共建筑,下列建筑中,( )属于居住建筑。

    A. 托儿所   B. 医院   C. 公寓   D 宾馆

(3) 民用建筑包括居住建筑和公共建筑,下列建筑中,( )属于公共建筑。

    A. 住宅楼   B. 医院   C. 公寓   D. 宿舍

(4) 建筑物的基本组成包括( )。

    A. 地基、墙或柱、楼地层、楼梯、屋顶   B. 地基、基础、墙或柱、楼地层、楼梯

    C. 基础、墙或柱、楼地层、楼梯、门窗   D. 基础、墙或柱、楼地层、楼梯、屋顶、门窗

(5) 建筑物6个基本组成部分中,不承重的是( )。

    A. 基础   B. 楼梯   C. 屋顶   D. 门窗

(6) 下面既属承重构件,又是围护构件的是( )。

    A. 墙、屋顶   B. 基础、楼板   C. 屋顶、基础   D. 门窗、墙

(7) 建筑按主要承重结构的材料分,没有( )。

    A. 砖混结构   B. 钢筋混凝土结构   C. 框架结构   D. 钢结构

(8) 建筑按主要承重结构的方式分类,没有( )。

    A. 墙承重结构   B. 钢结构   C. 框架承重结构   D. 空间结构

(9) 纪念性建筑的设计使用年限是( )以上。

    A. 25年   B. 50年   C. 100年   D. 150年

(10) 一级建筑的耐久年限为( )年。

    A. 15~25   B. 25~50   C. 50~100   D. 100以上

(11) 从耐火极限看,( )级建筑耐火极限时间最长。

    A. Ⅰ   B. Ⅱ   C. Ⅲ   D. Ⅳ

(12) 建筑物的耐火等级分为( )级。

    A. 3级   B. 4级   C. 5级   D. 6级

(13) 下列哪项与耐火极限无关。( )

    A. 失去支持能力   B. 完整性被破坏   C. 失去隔火作用   D. 门窗被毁坏

(14) 我国按层数或高度不同对建筑分类时规定:建筑高度不大于( )m的住宅建筑为单、多层民用建筑。

    A. 110   B. 27   C. 30   D. 50

(15) 住宅建筑按层数分类:( )属于多层住宅建筑。

    A. 1~3层   B. 4~6层   C. 7~9层   D. 10层以上

(16) 高度超过( )的住宅建筑称为一类民用建筑。

    A. 28m   B. 54m   C. 100m   D. 150m

(17) 按设计使用年限,鸟巢属于( )。

    A. 特级   B. 一级   C. 四级   D. 三级

(18) 建筑物的设计使用年限为50年,适用于( )。

    A. 临时性结构   B. 易于替换的结构构件

    C. 普通房屋和构筑物   D. 纪念性建筑和特别重要的建筑结构

(19) 建筑物的耐火等级是根据建筑物主要构配件的( )确定的。

    A. 燃烧性能   B. 耐火极限

    C. 材料用量   D. 燃烧性能和耐火极限

(20) 耐火极限是指在标准耐火试验条件下,建筑构件、配件或结构从受到火的作用时起,到失去稳定性、完整性或隔热性时止的这段时间,以( )表示。

    A. 小时   B. 分   C. 秒   D. 天

2) 多项选择题

(1) 建筑材料按燃烧性能分为( )几种。

    A. 燃烧体   B. 难燃烧体   C. 非燃烧体   D. 易燃烧体

(2) 按用途不同,建筑可分为( )。

    A. 民用建筑   B. 低层建筑

    C. 工业建筑   D. 砖混建筑

    E. 农业建筑

(3) 按高度不同,民用建筑可分为( )。

    A. 私有住宅   B. 一类高层民用建筑

    C. 二类高层民用建筑   D. 平层民用建筑

    E. 多层民用建筑

(4) 建筑物的耐火等级是根据建筑物主要构配件的( )确定的。

    A. 燃烧性能   B. 耐火极限

    C. 材料用量   D. 设计使用年限

    E. 屋面防水等级

(5) 属于民用建筑组成部分的有( )。

    A. 基础、地基、楼地面   B. 楼梯、墙(柱)

    C. 屋顶、门窗   D. 地基、楼地面、门窗

    E. 基础、楼地面

3) 判断题

(1) 建筑的耐火等级是由组成房屋构件的燃烧性能和耐火极限划分的。   ( )

(2) 建筑高度不大于27m的住宅建筑属高层民用建筑。   ( )

(3) 建筑高度超过50m的公共建筑是二类高层民用建筑。   ( )

(4) 建筑高度大于27m,但不大于54m的住宅建筑为二类高层民用建筑。   ( )

(5)根据《建筑设计防火规范》(GB 50016—2014)规定,高层建筑的耐火等级分为四级。 （　　）

(6)纪念馆、博物馆耐久等级应为一级。 （　　）

4)填空题

(1)建筑识图与构造课程分_____项目、_____学生性工作任务组织知识的学习与识图技能的训练。

(2)课程内容的学习项目包括_____、_____、_____、_____、_____、_____、房屋建设设计项目(实训周)、_____。

(3)构成建筑的三个基本要素是_____、_____、_____。

(4)建筑物按其使用性质可分为_____、_____、_____。

(5)普通建筑和构造物的主体结构设计使用年限是_____年。

(6)建筑物的耐火等级是衡量建筑物耐火程度的标准,是根据组成建筑物构件的_____和_____确定的。

(7)耐火极限是指在标准耐火试验条件下,建筑构件、配件或结构从受到火的作用时起,到失去_____、_____或_____止的这段时间,用_____表示。

1.1.3 技能训练

班级_____ 姓名_____ 学号_____ 自评_____ 互评_____ 师评_____

(1)绘制自己心目中的一栋建筑图,在所绘图中,应尽可能多地标注出建筑构造组成的名称,并写出所绘制图形的结构类型和建筑类型等信息。

(2)请标注下列建筑各构造组成的名称,并填入图 1-1 的方框内。

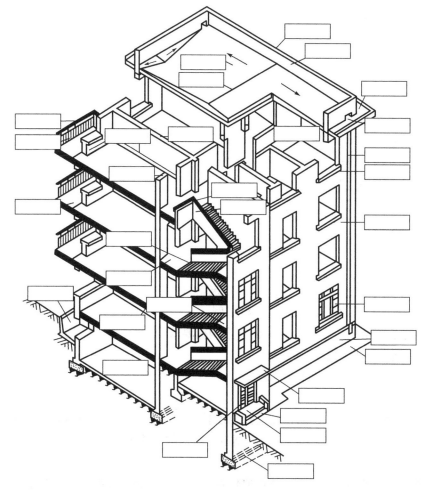

图 1-1

任务1.2　识读建筑形体投影图

子任务　**1.根据基本体模型或直观图绘制投影图**

　　　　2.绘制组合体建筑形体的三视图

　　　　3.绘制三视图,量取尺寸并标注尺寸

　　　　4.建筑形体投影图识图

1.2.1　任务书与指导书

1)目的

(1)培养与提高空间想象能力。

(2)能正确使用绘图工具仪器。

(3)能度量尺寸按比例绘制建筑形体投影图。

(4)能按有关制图规范绘图。

(5)能团队合作测绘形体、完成模型制作。

2)内容与要求

(1)线型练习

【内容】正确使用绘图工具仪器,按《房屋建筑制图统一标准》(GB/T 50001—2010)等的要求,完成各类图线的线型练习;抄绘常用建筑材料图例。

【要求】独立完成A3图纸。线型正确,符合国标要求;线宽合理,分清粗、中、细。布图合理,选用的绘图比例符合要求;标题栏内容齐全。

绘图比例按所给参考比例或自行确定。

(2)建筑形体投影图的绘制

【内容】在房屋构造实训室(或在教室),测绘教师给定的模型;选择形体合适的摆放位置与投影方向,根据投影原理绘制形体三视图,或根据教师给定的立体图绘制形体三视图。绘图比例按所给参考比例或自行确定。

【要求】①独立完成A3图纸。形体摆放位置与投影方向合理,绘制的形体投影图符合投影规律,图形正确;布图合理,选用的绘图比例符合要求;标题栏内容齐全。②完成手册中相关练习。

(3)建筑形体测绘及尺寸标注

【内容】独立完成A4图纸。在房屋构造实训室(或在教室),测绘教师给定的模型;选择形体合适的摆放位置与投影方向,根据投影原理绘制形体三视图,并标注尺寸。

【要求】形体摆放位置与投影方向合理,绘制的形体投影图符合投影规律,图形正确;尺寸测量完整、正确;布图合理,选用的绘图比例按所给参考比例或可自行确定;标题栏内容齐全;尺寸标注完整、正确、合理。

(4)根据形体三视图绘制轴测图并制作模型

【内容】根据平面体三视图绘制轴测图并制作模型(详见"1.2.3技能训练"图1-3～图1-6)。

①每人独立完成第(1)题的基本体模型柱体、锥体各一个,第(2)题的组合体模型一个。

②小组合作完成第(3)小题建筑形体模型。

【材料、工具准备】KT板、绘图工具、刀片、胶带等。

【要求】

①认真识读投影图,在读懂投影图的基础上,先草绘轴测图,再在KT板上绘图取材制作模型。制作比例2∶1(或自定比例)。

②每人独立制作棱柱体、棱锥体模型各一个,组合体模型一个,具体可根据提供的形体选择;小组合作完成建筑形体模型一个。

③符合三视图要求准确表达出形状与大小。

④表面尽量相连不断,节约材料,要求尺寸标准、表面平整、形状规则,即达到正确美观,尺寸比例符合要求。

⑤要求在模型表面标出任务名称、形体名称、班级、姓名、组号。

(5)建筑形体剖面图与断面图绘制

【内容】根据建筑形体视图、指定的剖切位置与投影方向,绘制剖面图与断面图。

【要求】明确剖面图与断面图的概念,按《房屋建筑制图统一标准》(GB/T 50001—2010)有关线型要求绘图,图形正确、清晰。

3)应交成果

(1)A4图纸:线型练习、材料图例。

(2)A4图纸:根据模型(立体图)绘投影图。

(3)根据立体模型绘投影图并标注尺寸。

(4)模型。个人:棱柱体、棱锥体模型各一个,组合体模型一个;小组:建筑形体模型一个。

4)时间要求

课内＋课后完成。

5)指导

(1)A3图纸绘图前要注意布图,先布图,再绘图,布图时除考虑图形位置、大小外,还应考虑尺寸标注位置;绘图应按步骤打底稿、加深、标尺寸等。标尺寸前,须先检查绘图内容的正确性。选用的绘图比例符合要求,标题栏内容齐全。

(2)线型练习及三视图绘制中,首先应学会正确使用绘图工具仪器,线型符合《房屋建筑制图统一标准》(GB/T 50001—2010)等的要求;建筑材料的图例线,斜线要求采用45°细线。抄绘《房屋建筑制图统一标准》(GB/T 50001—2010)中的建筑材料图例。

(3)形体测绘、绘图时,应先选择形体合适的摆放位置与投影方向,以表达清楚、减少虚线为原则。

(4)绘制的形体投影图须符合投影规律,特别注意"宽相等"。绘制的图形正确、线型正确、线宽合理;尺寸标注完整、正确、合理。

(5)模型制作

①应先准备好 KT 板、绘图工具、刀片、胶带等材料与工具。

②认真识读投影图,在读懂投影图的基础上,先草绘轴测图,再在 KT 板上绘图取材制作模型。制作比例 2:1(或自定比例)。

③每人独立制作棱柱体、棱锥体模型各一个,组合体模型一个,具体可根据提供的形体选择;小组合作完成建筑形体模型一个。

④要求符合三视图准确表达出形状与大小。

⑤表面尽量相连不断,节约材料,要求尺寸标准、表面平整、形状规则,即达到正确美观,尺寸比例符合要求。

⑥要求在模型表面标出任务名、形体名称、班级、姓名、组号。

(6)绘制建筑形体的剖面图与断面图时,要注意剖切位置与剖切后的投射方向、剖面图与断面图区别,按国家标准规定的线型绘图,标注图名。

1.2.2　理 论 自 测

班级_____　姓名_____　学号_____　自评_____　互评_____　师评_____

1)单项选择题

(1)绘制轴测投影图的投影方法是一种(　　)。

　　A.中心投影法　　　　　　　　B.平行投影法

　　C.正投影法　　　　　　　　　D.镜像投影法

(2)平面体正投影图形成关系,错误的说法是(　　)。

　　A.高齐平　　　B.宽相等　　　C.长对正　　　D.大小相等

(3)图纸的幅面有(　　)种。

　　A.三种　　　B.四种　　　C.五种　　　D.六种

(4)A2 图纸(除装订边一侧外)图框线与幅面线距离为(　　)mm。

　　A.25　　　B.5　　　C.10　　　D.15

(5)用 1:200 的比例作图时,若一线段的实际长度为 10m,则在图样的对应线段上标注的尺寸数字应为(　　)。

　　A.2000mm　　　B.10000mm　　　C.50mm　　　D.5000mm

(6)图样的比例,应为图形与实物相对应的线性尺寸之比。绘制平面图时,采用 1:100 的比例,某窗宽为 2100mm,则其图中标注的数值为(　　)。

　　A.21　　　B.210　　　C.2100　　　D.21000

(7)在较小图形中,点画线绘制有困难时,可用(　　)代替。

　　A.实线　　　B.虚线　　　C.折断线　　　D.波浪线

(8)在尺寸标注中,尺寸线、尺寸界线应用(　　)绘制。

　　A.细实线　　　B.虚线　　　C.单点画线　　　D.实线

(9)建筑工程图中断开界线可以用(　　)来表示。

　　A.粗实线　　　B.波浪线　　　C.中虚线　　　D.双点画线

(10)建筑工程图的尺寸单位,除标高与总平面图外,一般以(　　)为单位。

　　A.m　　　B.dm　　　C.cm　　　D.mm

(11)图样中的尺寸,以(　　)为单位时,一般不需要标注单位。

　　A.mm 或 m　　　B.cm 或 mm　　　C.dm 或 mm　　　D.cm 或 m

(12)识读某梁的立面图与侧面图(下图左图),则正确的 2-2 剖面图是(　　)。

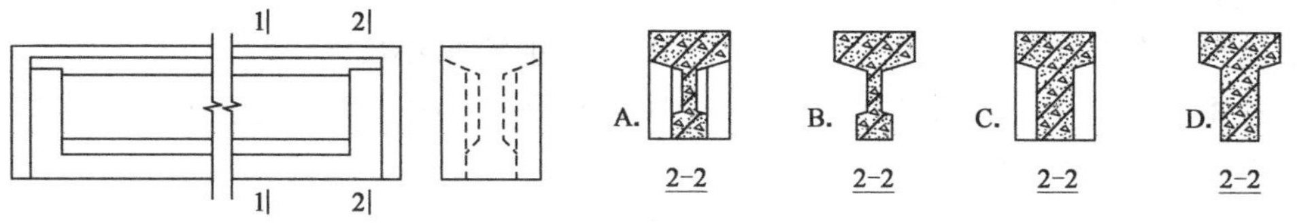

(13)识读某台阶的正面投影与水平投影(下图左图),则正确的1-1剖面图是(   )。

(14)组合体的构成方式不包括(   )。

  A.叠加式   B.切割式   C.线面式   D.混合式

(15)用于确定组合体中各基本形体自身大小的尺寸称为(   )。

  A.定形尺寸 B.定位尺寸 C.总体尺寸 D.细部尺寸

(16)假想用剖切面把物体剖开,移去观察者与剖切面之间的部分,将剩余部分向投影面作投影,这样得到的视图称为(   )。

  A.断面图   B.剖面图   C.表现图   D.透视图

(17)移出断面的轮廓线用(   )画出。

  A.点画线   B.粗实线   C.折断线   D.双点画线

(18)建筑工程图中中心线一般用(   )表示。

  A.粗点画线 B.细点画线 C.细虚线   D.双点画线

(19)下列关于剖切符号说法正确的是(   )。

  A.剖切位置线和投射方向线均用细实线绘制

  B.投影方向线平行于剖切位置线

  C.剖切符号可以与其他图线接触

  D.断面图的剖切符号可省略透射方向线

(20)关于剖面图,以下说法错误的是(   )。

  A.遵守正投影原理

  B.表达内部形状和材料

  C.若需多次剖切,前次剖切影响后次剖切

  D.若需多次剖切,前后互不干扰

2)多项选择题

(1)工程制图的图线包括有(   )等。

  A.实线   B.虚线   C.曲线   D.波浪线、折断线

(2)图样的尺寸一般由(   )几部分组成。

  A.尺寸线 B.尺寸界线 C.尺寸数字 D.尺寸起止符

(3)尺寸排列应注意(   )。

  A.大尺寸在内,小尺寸在外   B.大尺寸在外,小尺寸在内

  C.总体尺寸在内,轴线尺寸在外 D.轴线尺寸在内,总体尺寸在外

(4)正确的尺寸标注方法有(   )。

  A.轮廓线可用作尺寸线   B.轮廓线也可用作尺寸界线

  C.中心线可用作尺寸线   D.尺寸界线不能作为尺寸线

  E.大尺寸在外,小尺寸在内

(5)断面图的种类有(   )。

  A.全断面   B.半断面   C.移出断面

  D.重合断面   E.中断断面

(6)剖面的种类和画法有(   )。

  A.全剖面图   B.半剖面图   C.阶梯剖面图

  D.局部剖面图 E.展开剖面图

(7)属于断面图的有(   )。

  A.移出断面   B.半剖面图   C.阶梯断面图

  D.重合断面   E.展开断面图

(8)轴测投影分为(   )两大类。

  A.正轴测投影   B.斜轴测投影

  C.正等测投影   D.斜二测投影

3)判断题

(1)现行《房屋建筑制图统一标准》(GB/T 50001—2010)规定了图纸基本幅面尺寸,必要时可将图纸按规定的倍数加宽。   (   )

(2)使用丁字尺时,应将尺头内侧紧靠图板左边。切勿将尺头靠图板的其他边使用,也不能在尺身下边画线。   (   )

(3)图框线用粗实线绘制。   (   )

(4)同一张图纸内,相同比例的各图样,应选用相同的线宽组。   (   )

(5)单点长画线或双点长画线,当在较小图形中绘制有困难时,可用实线代替。 (   )

(6)图线不得与文字、数字或符号重叠、混淆,不可避免时,应首先保证文字等的清晰。(   )

(7)虚线为实线的延长线时,须与实线连接。   (   )

(8)在形体的三面正投影图上,从投影方向不可见的线用点画线表示。 (   )

(9)图纸上所书写的文字、数字或符号等,汉字的高度应不小于3.5mm,数字与字母的高度应不小于2.5mm。   (   )

(10)图线不得穿越尺寸数字,不可避免时,应将尺寸数字处的图线断开。 (   )

(11)图样轮廓线可用作尺寸界线。   (   )

(12)图样本身的任何图线均不得用作尺寸线。   (   )

(13)尺寸线用细实线绘制,图样轮廓线可用作尺寸线。   (   )

(14)尺寸宜标注在图样轮廓以外,不宜与图线、文字及符号等相交。 (   )

(15)互相平行的尺寸线,应从被注写的图样轮廓线由近向远整齐排列,较小尺寸应离轮廓线较远,较大尺寸应离轮廓线较近。   (   )

(16)投影法可分为中心投影法和平行投影法。   (   )

(17)投射线相互平行且垂直于投影面时,称为斜投影法。   (   )

(18)正投影图是工程中应用最广泛的投影图。   (   )

(19)轴测投影图中,空间互相平行的直线,其轴测投影仍然互相平行。 (   )

(20)半剖面图中,半个剖面图与半个投影图的分界线为细点画线。 （　　）

(21)在局部剖面图中,它保留了原物体投影图的大部分外部形状,在投影图和局部剖面之间,用徒手画的波浪线作为分界线。 （　　）

(22)正等测的轴间角都是120°。 （　　）

(23)在形体的同一位置剖切后同投影方向所绘的剖面图与断面图中,断面图包含剖面图。 （　　）

(24)剖视的剖切符号应由剖切位置线及投身方向线组成,均应以粗实线绘制。 （　　）

(25)正投影与轴测投影,都能直观地、准确地表示出形体的形状和大小。 （　　）

4)填空题

(1)正投影是指投射线相互_____且_____投影面的投影。

(2)在绘图与识图中要利用好正投影的三等关系,即_____、_____与_____。

(3)现行《房屋建筑制图统一标准》（GB/T 50001—2010）规定了图纸幅面大小,共有_____规格,分别用符号_____、_____、_____、_____、_____表示。

(4)图样的比例,是指_____与实物相对应的_____尺寸之比。

(5)组合体的组合方式有_____型、_____型和_____型。

(6)尺寸界线与尺寸线都应用_____线绘制。

(7)图样上的尺寸由_____线、_____线、_____和尺寸数字四部分组成。

(8)图样上标注的尺寸一律用阿拉伯数字标注图样的_____尺寸,它与绘图所用比例_____关。

(9)图样上所标注的尺寸,除标高及总平面图以_____为单位外,其余一律以_____为单位。

(10)互相平行的尺寸线,应从被注写的图样轮廓线由_____向_____整齐排列,较小尺寸应离轮廓线较_____,较大尺寸应离轮廓线较_____;图样轮廓线以外的尺寸界线,与图样最外轮廓之间的距离,不宜小于_____mm,平行排列的尺寸线的间距,宜为_____mm,并应保持一致。

(11)轴测图是用_____投影原理绘制的一种单面投影图。选取适当的投影方向将形体连同确定其空间位置的直角坐标系,同平行投影的方法一起投影到一个投影面（轴测投影面）上所得到的投影,称为_____投影。

(12)剖面图除应画出剖切面切到部分的图形外,还应画出沿投射方向_____的部分,被剖切面切到部分的轮廓线用_____线绘制。

(13)常用的剖面图有_____剖面图、_____剖面图、_____剖面图、阶梯剖面图和旋转剖面图等。

(14)剖面图的剖切符号应由_____线及_____线组成,均以_____线绘制。剖切位置线的长度宜为_____mm;投射方向线垂直于剖切位置线,宜为_____mm。

(15)断面图中剖切符号的编号,宜采用阿拉伯数字,按顺序连续编排,并注写在_____线的一侧,编号所在的一侧即为该断面的投射方向。

班级_____姓名_____学号_____自评_____互评_____师评_____

1)字体（长仿宋字体）练习

0123456789　*ABCDEFGHIJKLMNOPQRS*　*abcdefgfijklmnopqrstuvwxyz*

长仿宋体比例尺寸平面剖立图混凝土材料钢筋轴线墙体基础梁柱

板 砂 石 门 窗 水 泥 标 准 砖 砌 块 标 高 建 筑 物 设 计 年

月 日 审 核 施 工 说 明 技 术 细 部 房 屋 层 地 楼 梯 一 二

三 四 五 六 七 八 九 十 材 料 钢 筋 轴 线 墙 体 基 础 梁 柱

2)线型练习,用 A3 图纸抄绘图 1-2

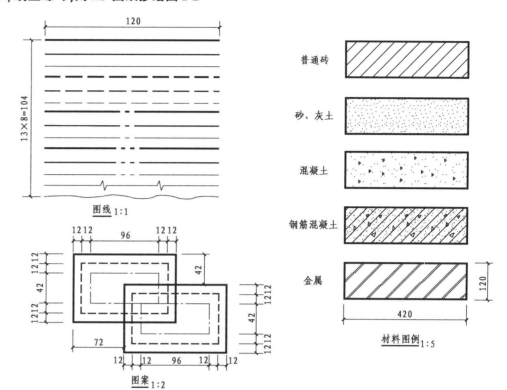

图 1-2

3)根据建筑形体投影图制作模型

(1)基本体模型制作

①棱柱体(图 1-3)

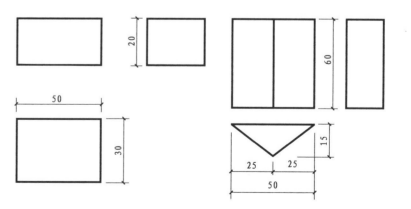

图 1-3

②锥体(图1-4)

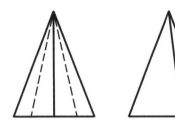

五边形底边长20mm,高40mm

图 1-4

(2)组合体模型制作(图1-5,可四选一,没有尺寸的可由图形直接量取,按一定比例制作)

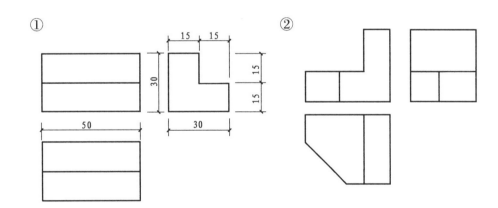

①

②

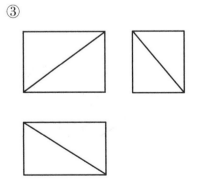

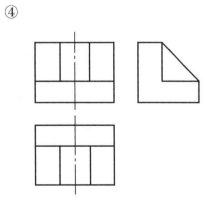

③

④

图 1-5

(3)建筑形体模型制作(从图1-6中量取尺寸,自定比例)

注:在此建筑形体基础上可自己设计更复杂的建筑物,例如增加门窗、改造屋顶等,评分在现有建筑形体模型要求基础上根据设计制作情况加分。

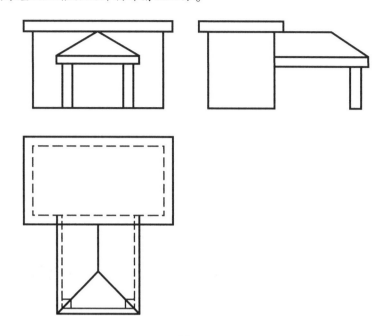

图 1-6

4)请绘制下列形体的投影图(从图中量取尺寸,比例1:1)

①

②

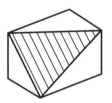

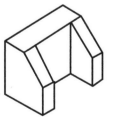

③

④

⑦

⑧

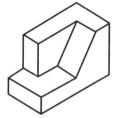

⑤

⑥

⑨

⑩

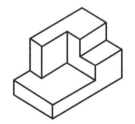

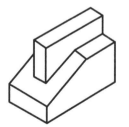

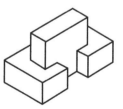

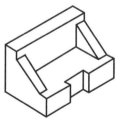

⑪　　　　　　　　　　　⑫　　　　　　　　　　③

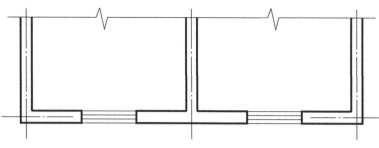

$$\underline{\text{平面图}}_{1:100}$$

（2）绘制组合体的三视图，并标注尺寸

5）尺寸标注

（1）对下面的梁断面图、基础断面图、建筑平面图进行尺寸标注

①　　　　　　　　　　　②

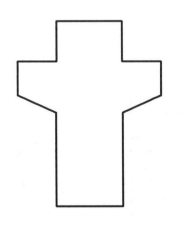

$$\underline{\text{牛腿}}_{1:20}$$

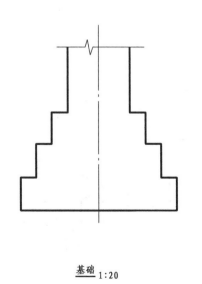

$$\underline{\text{基础}}_{1:20}$$

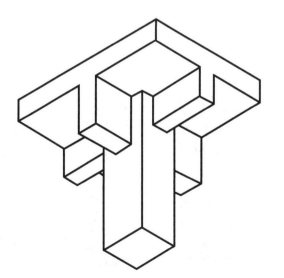

6) 识图训练

(1) 根据物体的轴测投影图找到相对应的三面正投影图,并在三面正投影图下面的括号里写出对应的字母

(2) 根据每幅图右下角的轴测图找出形体三面投影的错误之处并改正(在多余的图线上打×)

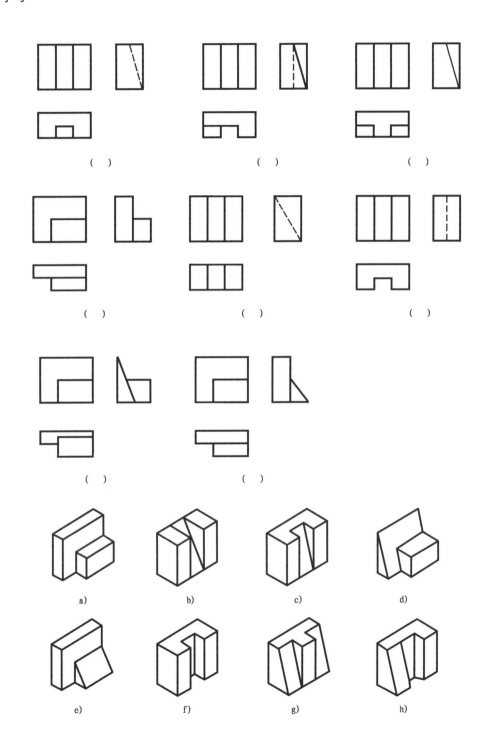

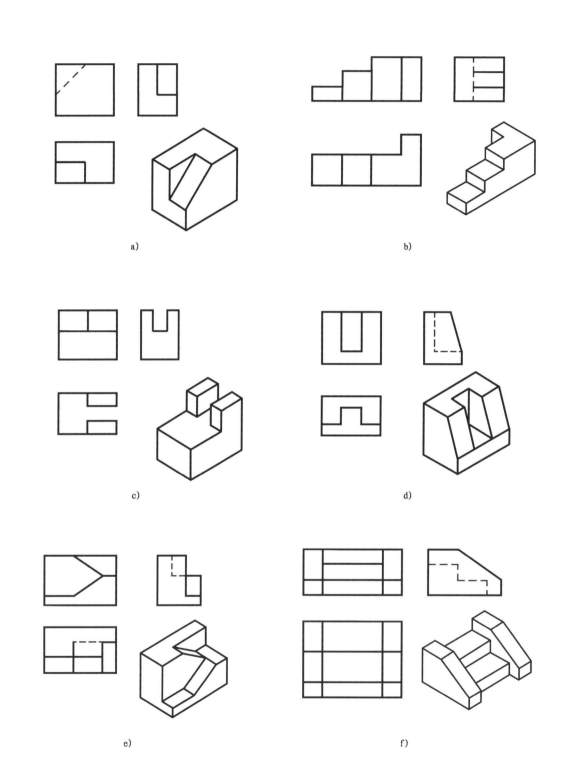

（3）根据形体的两个投影,选择正确的第三投影(在正确投影下方打√)

（4）根据所给的投影图补图或补线(已有三面投影),绘制轴测图(轴测图类型自选)

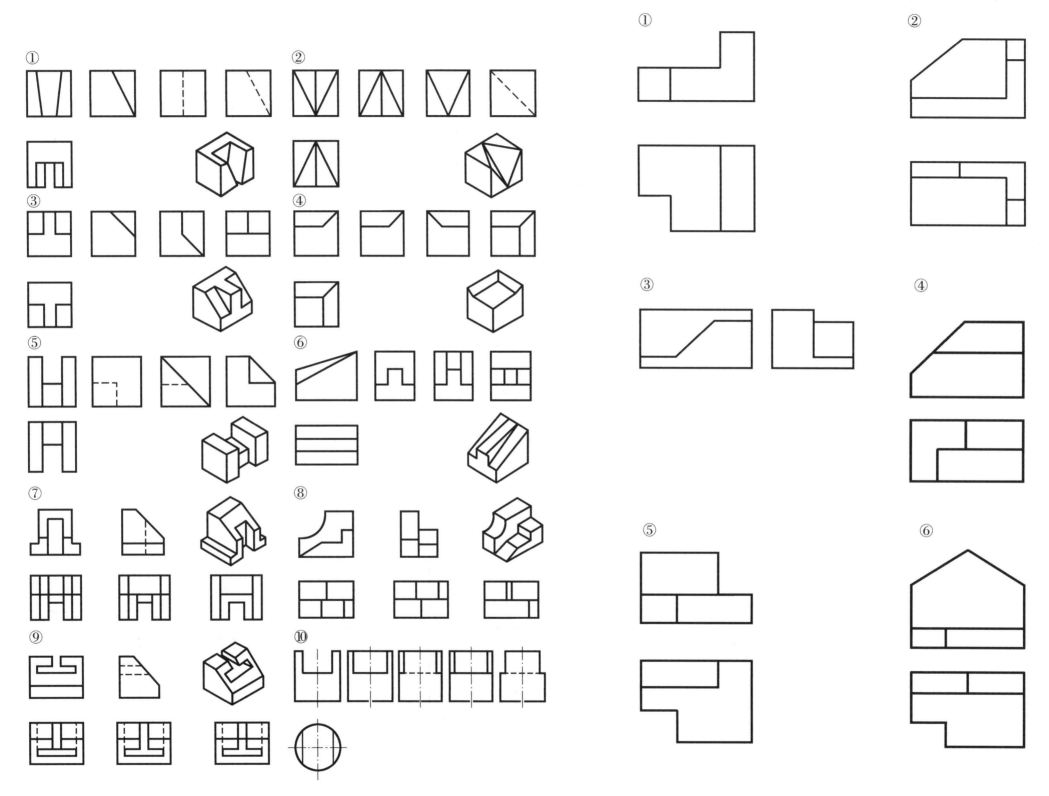

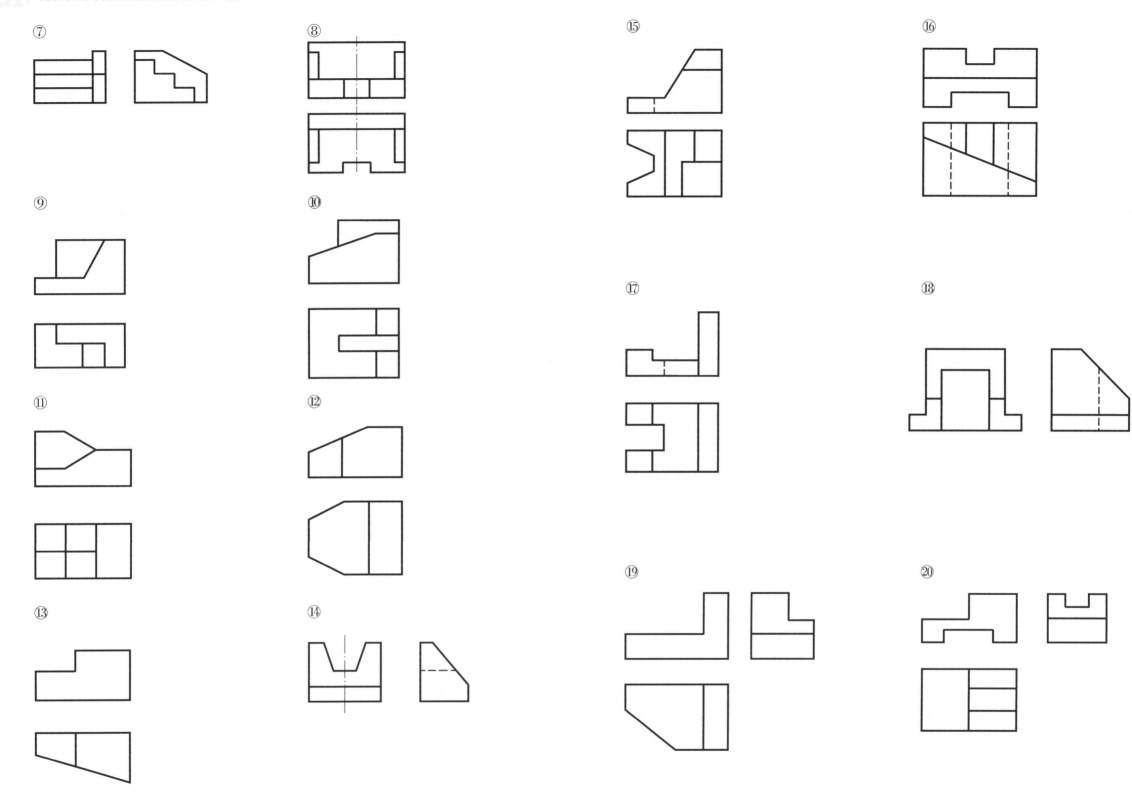

⑦ ⑧ ⑮ ⑯

⑨ ⑩ ⑰ ⑱

⑪ ⑫ ⑲ ⑳

⑬ ⑭

7）形体剖、断面图绘图

（1）绘制指定剖切符号位置的各剖面图，并标注图名

①可直接在原有投影图中修改绘制

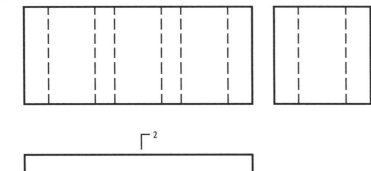

③

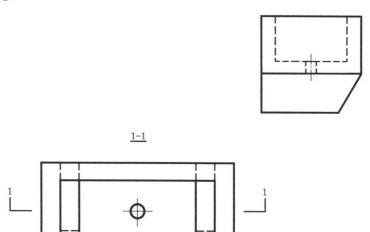

②绘制2-2剖面图

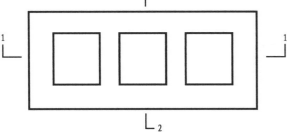

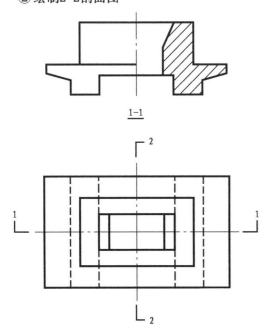

④请绘制在右侧空白位置

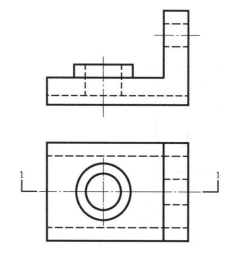

（2）绘建筑物形体的2-2剖面图，门洞上方有连成一体的过梁和雨篷，材料为钢筋混凝土，墙身

与台阶材料为普通砖(雨篷伸出墙面的宽度与进门口平台伸出墙面的宽度相同)

(4)绘制某单层建筑的 1-1 剖面图

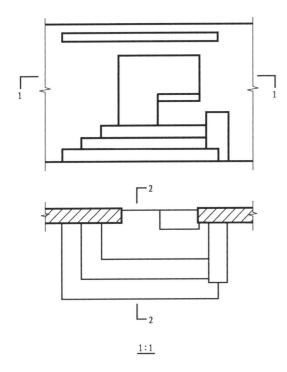

1:1

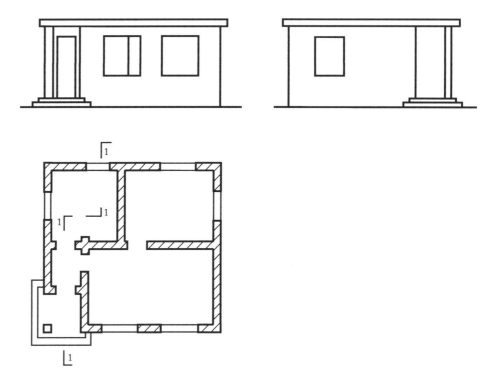

(3)绘制校门建筑模型的 1-1 剖面图,材料为钢筋混凝土

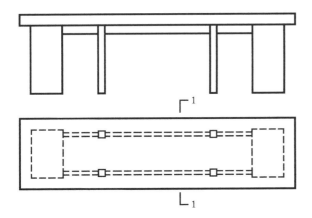

（5）绘制形体的断面图

①

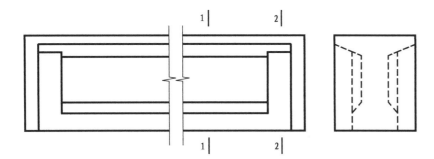

②

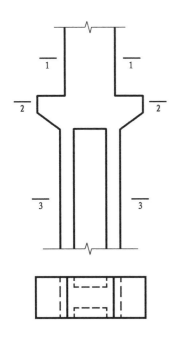

任务 1.3 初识房屋建筑施工图

1) 目的

(1)能说出建筑工程施工图的种类、形成、用途。

(2)明确《房屋建筑制图统一标准》(GB/T 50001—2010)基本规定。

(3)能根据建筑制图统一标准,为某住宅的底层平面图标注与补绘。

2) 内容与要求

【内容】能根据《房屋建筑制图统一标准》(GB/T 50001—2010),为某住宅的底层平面图标注与补绘(详见题与图)。

【要求】根据《房屋建筑制图统一标准》(GB/T 50001—2010)标注,独立完成图纸补绘与识图报告。

3) 应交成果

(1)直接在本手册中补绘或另绘 A3 图纸。

(2)完成本手册中相关问答。

4) 时间要求

课内 + 课后完成。

5) 指导

看建筑施工图概述部分的内容,重点参看房屋建筑工程图的有关规定部分。参看教材基本制图标准部分。对照住宅楼底层平面图及项目报告单中的题目要求,逐项完成各标注,报告单中有空格的填在空格中,其余均标注在平面图中。

(1)定位轴线用细实线圆表示,直径 8 ~ 10mm,横向编号用数字,从左往右顺序编写,纵向编号用字母,从下往上顺序编写。

(2)细线绘制的等腰直角,3mm 左右高的三角形表示,数字单位 m,小数后保留 3 位小数,总平面图室外绝对标高符号涂黑,小数点保留 2 位,多层标高数字叠加标注。

(3)指北针符号细实线圆,直径 24mm,尾部宽度约 3mm,箭头一侧写"北"或'N'字。

(4)风向频率玫瑰图可查阅当时气象资料,也可以自行设计。

(5)标注尺寸可以参看图纸中以有标注的其他尺寸。

(6)先确定哪几条为墙体线,直接在图中用铅笔加粗。

(7)详图索引符号细实线圆,直径 10mm,分子表示详图编号,分母表示详图所在的图纸编号,详图符号粗实线圆,直径 14mm,分子表示详图编号,分母表示被索引的图纸编号。

参考资料:①教材附录;②《房屋建筑制图统一标准》(GB/T 50001—2010)。

(12)某索引符号 $\frac{4}{7}$，其含义是(　　)。

　　A.4 号详图画在本张图纸内　　　　　　B.7 号详图绘在编号是 4 的图纸内

　　C.4 号详图画在编号是 7 的图纸内　　　D.7 号详图绘在本张图纸内

2) 多项选择题

(1)在建筑总平面图中，(　　)不表示计划扩建的建筑物或预留地。

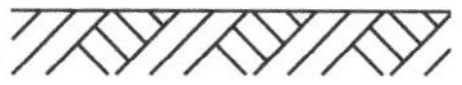

(2)在建筑平面图中，命名定位轴线时，竖向自下而上用大写的拉丁字母编写。但字母(　　)不用。

　　A. C　　　　　　　　B. D　　　　　　　　C. I

　　D. O　　　　　　　　E. Z

(3)建筑工程图中，详图的比例常采用(　　)、1∶25、1∶30。

　　A.1∶5　　　　　　　B.1∶10　　　　　　　C.1∶20

　　D.1∶35　　　　　　　E.1∶45

(4)建筑施工图(简称建施图)，包括(　　)。

　　A.建筑平面图　　　　　B.建筑立面图　　　　　C.建筑剖面图

　　D.建筑设备图　　　　　E.建筑详图

(5)附加定位轴线编号为 $\frac{2}{3}$，其含义不正确的有(　　)。

　　A.2 号定位轴线后附加的第 3 根轴线

　　B.3 号轴线前附加的第 2 根定位轴线

　　C.3 号轴线后附加的第 2 根定位轴线

　　D.2 号定位轴线前附加的第 3 根轴线

　　E.2 号定位轴线前附加的第 1 根轴线

(6)总平面图中标注的尺寸宜(　　)。

　　A.以 m 为单位　　　　　　　　B.以 mm 为单位

　　C.准确到小数点后二位　　　　　D.室外标高宜涂黑

　　E.准确到小数点后三位

3) 判断题

(1)附加定位轴线的编写，应以分数形式表示。如 $\frac{1}{0A}$ 表示 A 号定位轴线以前附加的第 1 根定位轴线。

　　　　　　　　　　　　　　　　　　　　　　　　　　　　　　　　(　　)

(2)定位轴线符号、指北针符号、详图符号的圆圈用细实线绘制。(　　)

1.3.2　理论自测

班级＿＿＿＿姓名＿＿＿＿学号＿＿＿＿自评＿＿＿＿互评＿＿＿＿师评＿＿＿＿

1) 单项选择题

(1)用细实线绘制且其直径为 10mm 的圆表示(　　)。

　　A.索引符号　　　　B.详图符号　　　　C.指北针符号　　　　D.定位轴线末端的圆

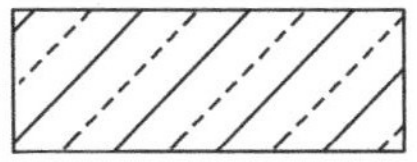

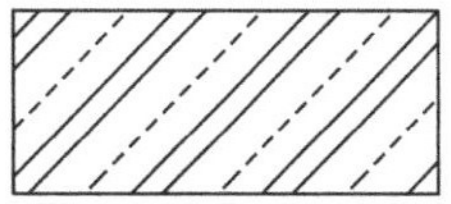

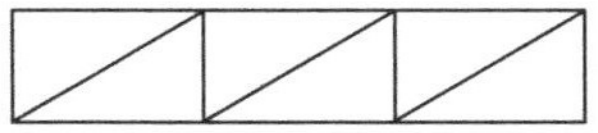

(2)用粗实线绘制的直径 14mm 的圆表示(　　)。

　　A.索引符号　　　　B.详图符号　　　　C.指北针符号　　　　D.定位轴线末端的圆

(3)对于风向频率玫瑰图说法错误的是(　　)。

　　A.它是根据某一地区全年平均统计的各个方向顺风次数的百分数值，按一定比例绘制

　　B.实线表示全年风向频率

　　C.虚线表示夏季风向频率

　　D.图上所表示的风的吹向是指从外面吹向该地区中心，且画在总平面图上

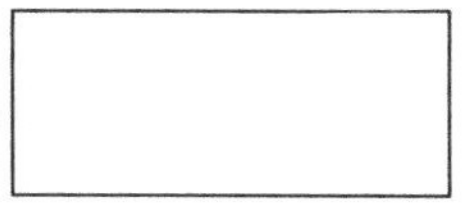

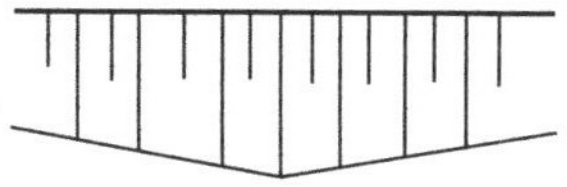

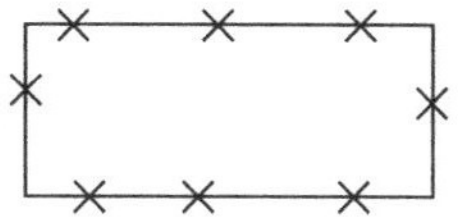

(4)建筑工程图的尺寸标注中，以下(　　)以 m 为单位。

　　A.平面图　　　　B.立面图　　　　C.剖面图　　　　D.总平面图

(5)标高的数值单位为(　　)。

　　A. mm　　　　　B. cm　　　　　C. km　　　　　D. m

(6)总平面图用指北针或风向频率玫瑰图表示建筑物的朝向，指北针宜用细实线绘制，圆的直径宜为(　　)mm，指北针的尾部宽度宜为 3mm。

　　A.24　　　　　B.14　　　　　C.10　　　　　D.8

(7)索引符号是由直径为(　　)mm 的圆和水平直径组成，圆及水平直径均应以细实线绘制。

　　A.8　　　　　B.10　　　　　C.14　　　　　D.24

(8)详图的位置和编号，应以详图符号表示，详图符号为一直径为(　　)实线圆。

　　A.8mm 的细　　　B.10mm 的细　　　C.14mm 的粗　　　D.24mm 的细

(9)5 号详图被索引的图纸编号为 3，详图所在的图纸编号为 7，则详图符号为(　　)。

　　A. $\frac{5}{3}$　　　　B. $\frac{5}{7}$　　　　C. $\frac{3}{7}$　　　　D. $\frac{7}{5}$

(10)下列图例中，(　　)为多孔材料的材料图例。

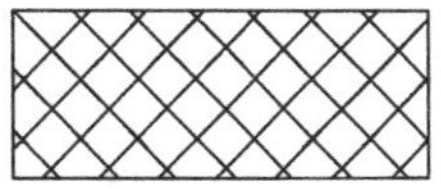

(11)平面图上定位轴线端部绘制直径为(　　)圆。

　　A.14mm 粗实线　　　　　　　　B.8mm 细实线

　　C.6mm 细实线　　　　　　　　D.24mm 细实线

(3)总平面图上室外地坪的标高符号,宜涂黑表示。　　　　　　　　　　(　)

(4)标高符号的尖端应指至被注的高度,尖端向下,不可向上。　　　　(　)

(5)建筑标高是构件包括粉饰在内的、装修完成后的标高。　　　　　(　)

(6)构件的毛面标高是建筑标高。　　　　　　　　　　　　　　　　　　(　)

4)填空题

(1)一套完整的施工图应包括以下 _____ 、_____ 、_____ 、_____ 、 _____ 等几方面内容。

(2) _____ 图主要表达建筑物的内外形状、尺寸、建筑构造、材料做法和施工要求等,包括 _____ 图、_____ 图、_____ 图、_____ 图和建筑详图。

(3) _____ 图主要表达各种承重构件的平面布置,构件的类型、大小、做法以及其他专业对结构设计的要求等,包括:结构说明书、_____ 图、_____ 图、图和构件详图等。

(4)平面定位轴线的画法及编号:根据《房屋建筑制图统一标准》(GB/T 50001—2010)的规定,定位轴线应用 _____ 线绘制。

(5)定位轴线一般应编号,编号应注写在轴线端部的圆内,圆用 _____ 线绘制,直径为 _____ mm。

(6)平面图上定位轴线的编号,宜标注在图样的下方与左侧。横向编号应用 _____ ,从 _____ 至 _____ 顺序编写,竖向编号应用 _____ ,从 _____ 至 _____ 顺序编写,拉丁字母的 _____ 不得用作轴线编号。

(7)附加定位轴线的编号采用分数表示,分母表示 _____ 轴线的编号;分子表示 _____ 轴线编号。

(8)索引符号是由直径为 _____ mm 的圆和水平直径组成,圆及水平直径均应以 _____ 线绘制。

(9)详图符号应用直径是 _____ mm 的 _____ 线圆。

(10)指北针宜用 _____ 线绘制,圆的直径宜为 _____ mm,指北针的尾部宽度宜为 _____ mm。

(11)总平面图比例常用 _____ 、_____ 、_____ 。

(12)建筑平面图是假想用一水平的剖切面沿 _____ 位置将房屋剖切后,对剖切面以下部分所做的水平投影图剖视图。

(13)建筑平面图、建筑立面图、建筑剖面图比例常用 _____ 、_____ 、_____ 。

(14) _____ 图主要用于表达建筑物的平面形状、平面布置、墙身厚度、门窗的位置、尺寸大小及其他建筑构配件的布置。

(15)建筑立面图的命名方法有:按 _____ 命名、按 _____ 命名或按 _____ 命名。

(16) _____ 图主要用于表达房屋内部高度方向构件布置、上下分层情况、层高、门窗洞口高度,以及房屋内部的结构形式。

(17)建筑详图应做到图形 _____ 、尺寸标注 _____ 、文字注释详尽,建筑详图绘制比例常用 _____ 、_____ 、_____ 、1:20 等较大比例。

班级 _____ 姓名 _____ 学号 _____ 自评 _____ 互评 _____ 师评 _____

1)根据《房屋建筑制图统一标准》(GB/T 50001—2010),为某住宅的底层平面图标注与补绘

如图 1-7 所示为某住宅的首层平面图,已知客厅的地面标高为 ±0.000m,厨房的地面比客厅地面低 30mm,室内外高差为 450mm,作图比例为 1:100,完成下列各题。

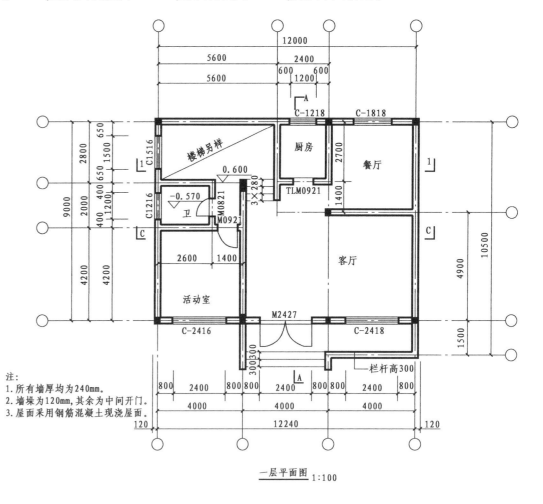

一层平面图 1:100

注:
1.所有墙厚均为240mm。
2.墙垛为120mm,其余为中间开门。
3.屋面采用钢筋混凝土现浇屋面。

图 1-7

(1)标注出一层平面图定位轴线编号。

(2)若要在 A 号轴线前附加一根定位轴线、在 3 号轴线后附加一根定位轴线,则其轴线编号可分别表示为: _____ 、_____ 。

（3）请标注室内客厅、厨房及室外地坪处标高。

（4）请绘制建筑总平面图的室外地坪标高符号：_____。

（5）请标注一个多层标高符号：某建筑物二、三、四层的标高分别为 3.000m、6.000m、9.000m，则其在同一位置的标高可标注为：_____。

（6）已知餐厅的开间和进深分别为 4000mm 和 4100mm，请在图中标出餐厅的开间和进深；已知餐厅窗户 C-1818 的宽度为 1800mm，位置居中，请在图中标注相关尺寸，并检查图中其余尺寸标注正确性或加以改正。

（7）已知本图上北下南，请标注出指北针的符号，并在图的旁边再绘制一个风向频率玫瑰图（可自行设计风向频率）。

（8）图中台阶部位若需另绘制一个 1 号详图表示，此详图绘制在建施 06 图纸上，请标注出此详图索引符号为：_____。若此图号为建施 02 图，则出现在建施 06 图中的详图符号为：_____。

2）在图 1-8 上，标注横向和纵向各定位轴线

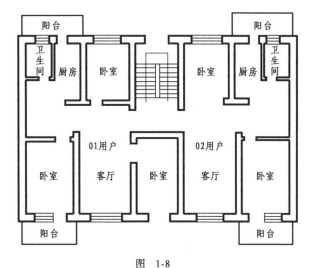

图　1-8

项目2　建筑构造节点识图

任务2.1　识读地下室防水防潮构造图

子任务　**1.绘制基础断面图**
　　　　　　2.抄绘地下室防水防潮构造图

2.1.1　任务书与指导书

1)目的

(1)认识常见建筑基础类型及构造组成。

(2)掌握地下室常见防水防潮构造做法。

2)内容与要求

【内容】

(1)绘制基础断面图:在教师的指导下到施工现场或1:1仿真建筑模型,认识常见基础类型及做法;选一基础量取尺寸,按断面图制图要求绘制基础断面,并标注尺寸、明确材料、做法等。

(2)抄绘建筑地下室防水构造图:识读建筑地下室防水构造图,按构造要求抄绘地下室防水构造图。

【要求】

(1)独立完成。

(2)图纸要求根据《房屋建筑制图统一标准》(GB/T 50001—2010)标注。

(3)比例可按实物具体情况选择,如1:20。

3)应交成果

A3图纸一张,内容包括基础断面图和地下室防水构造图。

4)时间要求

课内+课后完成。

5)指导

(1)到施工现场或1:1仿真建筑模型讲解指导,选某一基础,仔细了解其材料、做法,量取各部分尺寸,绘制基础草图。

(2)参考所给基础断面图(如条形基础),合理布图,根据测绘基础尺寸,按照合适比例和剖、断面图绘图标准绘制基础断面图,如图2-1所示。

(3)识读地下室防水构造图,明确地下室防水构造做法,在读懂地下室防水构造做法的基础上,按照绘图规范绘制地下室防水构造图。

(4)注意常见断面图案图例的画法,建筑构造断面图绘图的线型要求。

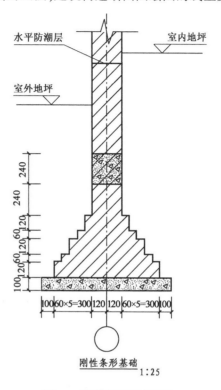

图2-1　基础断面图参考例图

2.1.2　理 论 自 测

班级_____姓名_____学号_____自评_____互评_____师评_____

1) 单项选择题

(1)墙下钢筋混凝土条形基础垫层的厚度不宜小于(　　)mm。

A.50　　　　　B.60　　　　　C.70　　　　　D.80

(2)浅基础一般埋置深度在(　　)m 以内。

A.3　　　　　B.4　　　　　C.5　　　　　D.6

(3)(　　)是建筑地面以下的承重构件,是建筑物埋在地下的扩大部分。

A.基础　　　B.地基　　　C.地下室　　　D.柱子

(4)基础和地基的关系为(　　)。

A.地基就是基础　　　　　　　　B.基础把荷载传给地基

C.地基将荷载传给基础　　　　　D.基础将荷载传给墙体

(5)以下(　　)不能作为天然地基。

A.软弱土层　　B.岩石　　　C.砂土　　　　D.黏性土

(6)基础埋深最小不能小于(　　)。

A.0.3m　　　　B.0.5m　　　C.0.6m　　　　D.0.8m

(7)当建筑物上部结构采用墙承重时,基础沿墙设置成长条形,这种基础称为(　　)。

A.条形基础　　B.独立基础　　C.井格基础　　D.筏片基础

(8)以下属于深基础的是(　　)。

A.基础埋深为 3m　　　　　　　B.基础埋深为 4m

C.基础埋深为 4.5m　　　　　　D.基础埋深为 6m

(9)当结构的地基条件较差时,为提高建筑物的整体性,避免各柱子之间产生不均匀沉降,常将柱下基础沿纵、横方向连接起来,做成十字交叉的井格,这种基础称为(　　)。

A.条形基础　　B.独立基础　　C.井格基础　　D.筏片基础

(10)当建筑物荷载较大,地基的软弱土层厚度在 5m 以上及基础不能埋在软弱土层内时,常采用的基础类型是(　　)。

A.独立基础　　B.桩基础　　　C.井格基础　　D.筏片基础

(11)当建筑物上部荷载很大或地基的承载力很小时,可由整片的钢筋混凝土板承受整个建筑的荷载并传给地基,其形式有板式和梁板式两种,这种基础叫(　　)。

A.独立基础　　B.箱形基础　　C.井格基础　　D.筏片基础

(12)当钢筋混凝土基础埋置深度较大,为了增加建筑物的整体刚度,有效抵抗地基的不均匀沉降,常采用由钢筋混凝土底板、顶板和若干纵横墙组成的箱形整体来作为房屋的基础,这种基础称为(　　)。

A.独立基础　　B.箱形基础　　C.井格基础　　D.筏片基础

(13)桩基按受力情况分为(　　)。

A.摩擦桩和端承桩　　　　　　　B.木桩和砂桩

C.钢桩和振动灌注桩　　　　　　D.钻孔灌注桩和预制桩

(14)以下属于柔性基础的是(　　)。

A.砖基础　　　　　　　　　　　B.毛石基础

C.灰土基础　　　　　　　　　　D.钢筋混凝土基础

(15)当地下水位较高时,基础不得埋置在地下水内,基础底面宜置于(　　)。

A.最低地下水位以下 200mm　　B.最低地下水位以上 200mm

C.最高地下水位以下 200mm　　D.最高地下水位以上 200mm

(16)为避免地下水对基础的影响,基础底面宜置于(　　)。

A.最低地下水位以下 200mm　　B.最低地下水位以上 200mm

C.最高地下水位以下 200mm　　D.最高地下水位以上 200mm

(17)地基土存在冻胀现象,基础底面应置于冰冻线(　　)。

A.以下 200mm　　　　　　　　B.以上 200mm

C.以下 100mm　　　　　　　　D.以上 100mm

(18)地下室按使用功能可分为(　　)。

A.普通地下室和人防地下室

B.全地下室和半地下室

C.砖混结构地下室和钢筋混凝土地下室

D.全地下室和人防地下室

(19)地下室按埋置深度可分为(　　)。

A.普通地下室和人防地下室

B.全地下室和半地下室

C.砖混结构地下室和钢筋混凝土地下室

D.全地下室和人防地下室

(20)地下室按结构材料可分为(　　)。

A.普通地下室和人防地下室

B.全地下室和半地下室

C.砖混结构地下室和钢筋混凝土地下室

D.全地下室和人防地下室

(21)半地下室指地下室地坪低于室外地坪高度超过该房间净高(　　)。

A.1/2　　　　　　　　　　　　B.1/3 且不大于 1/2

C.2/3　　　　　　　　　　　　D.1/4

(22)全地下室为(　　)。

A.埋深为地下室净高的 1/3 以上　　B.埋深为地下室净高的 1/3 以下

C.埋深为地下室净高的 1/2 以上　　D.埋深为地下室层高的 1/2 以下

(23)地下室采光井底板应比窗台低(　　)mm,以防雨水溅入和倒灌。

A.250~300　　　　　　　　　　B.500~800

C.600~1000　　　　　　　　　D.30~50

(24)地下室外墙防潮后,墙体外侧回填土厚度不应( )。

    A. 大于或等于500m   B. 等于500mm

    C. 大于500mm   D. 小于500mm

(25)地下室共有( )防水等级。

    A. 1个   B. 2个   C. 3个   D. 4个

(26)下列哪些选项不属于地下室的组成部分( )。

    A. 底板、墙体   B. 顶板、采光井

    C. 楼梯、门窗   D. 阳台、雨篷

(27)下列( )不是影响基础埋置深度因素。

    A. 地下水位及冰冻深度   B. 建筑物的外貌与装饰

    C. 土层构造   D. 相邻建筑物基础的深度

(28)基础承担建筑物( )荷载。

    A. 少量   B. 部分   C. 一半   D. 全部

(29)基础埋深是指从( )的距离。

    A. 室内设计地面至基础底面   B. 室外设计地面至基础底面

    C. 防潮层至基础顶面   D. 勒脚至基础底面

(30)地下室防潮的构造设计中,以下哪种做法不采用( )。

    A. 在地下室顶板中间设水平防潮层   B. 在地下室底板中间设水平防潮层

    C. 在地下室外墙外侧设垂直防潮层   D. 在地下室外墙外侧回填滤水层

(31)刚性基础的受力特点是( )。

    A. 抗拉强度大、抗压强度小   B. 抗拉、抗压强度均大

    C. 抗剪切强度大   D. 抗压强度大、抗拉强度小

(32)地基( )。

    A. 是建筑物的组成构件   B. 不是建筑物的组成构件

    C. 是墙的连续部分   D. 是基础的混凝土垫层

(33)当有垫层时基础底板受力钢筋保护层厚度不小于( )。

    A. 25mm   B. 30mm   C. 40mm   D. 70mm

(34)下列有关基础的埋置深度,正确的是( )。

    A. 除岩石地基外,基础埋深不宜小于1m

    B. 当上层地基的承载力大于下层土时,宜利用上层土作持力层

    C. 在抗震设防区,除岩石地基外,天然地基上的箱形和筏形基础其埋置深度不宜小于建筑物高度的1/10

    D. 桩箱或桩筏基础的埋置深度不宜小于建筑物高度的1/15

(35)下列对深基础和浅基础的说法,正确的是( )。

    A. 当基础埋深大于或等于4m时,称为深基础

    B. 当基础埋深大于或等于基础宽度的5倍时,称为深基础

    C. 确定基础埋深时,应优先考虑浅基础

    D. 基础埋深小于4m或基础埋深小于基础宽度的4倍时,称为浅基础

2)多项选择题

(1)以下基础属于刚性基础的有( )。

    A. 钢筋混凝土基础   B. 砖基础   C. 混凝土基础

    D. 毛石基础   E. 灰土基础

(2)桩基按材料可分为( )。

    A. 端承桩   B. 木桩   C. 摩擦桩

    D. 钢筋混凝土桩   E. 钢桩

(3)桩基按受力状态可分为( )。

    A. 端承桩   B. 木桩   C. 摩擦桩

    D. 钢筋混凝土桩   E. 钢桩

(4)为保证建筑物的安全和正常使用,对基础的要求有( )。

    A. 足够的强度   B. 足够的耐久性   C. 按设计图纸施工

    D. 按验收规范施工   E. 良好的保温性

(5)人工加固地基的方法有( )。

    A. 换填法   B. 预压法   C. 强夯法

    D. 振冲法   E. 加热法

(6)地下室由( )和楼梯组成。

    A. 墙体   B. 底板   C. 顶板

    D. 门窗   E. 阳台

(7)基础按构造形式分为( )。

    A. 刚性基础   B. 独立基础   C. 井格基础

    D. 箱形基础   E. 桩基础

(8)地基分为( )。

    A. 天然地基   B. 人工地基   C. 天然基础

    D. 人工地基   E. 桩基础

(9)基础按所用材料及受力特点可分为( )。

    A. 条形基础   B. 独立基础   C. 刚性基础

    D. 柔性基础   E. 桩基础

(10)影响基础埋深的因素有( )。

    A. 地下水位   B. 冰冻深度   C. 上部荷载大小

    D. 建筑物外立面形式   E. 相邻建筑物基础

(11)对"基础"的描述,哪些是正确的( )。

    A. 位于建筑物地面以下的承重构件

    B. 承受建筑物总荷载的土壤层

    C. 建筑物的全部荷载通过基础传给地基

    D. 应具有足够的强度和耐久性

    E. 基础不是建筑物的组成部分

3)判断题

(1)位于建筑物下部支承建筑物重量的土壤层叫作基础。 （ ）

(2)地基是建筑物的组成部分。 （ ）

(3)地基分为人工地基和天然地基两大类。 （ ）

(4)埋深超过3m的基础称为深基础。 （ ）

(5)混凝土基础受刚性角限制。 （ ）

(6)钢筋混凝土基础受刚性角限制。 （ ）

(7)基础是建筑物的组成部分。 （ ）

(8)地基是指基础底面以下,受到荷载作用影响范围内的部分岩、土体。 （ ）

(9)建筑物的基础最好埋置在土层的最大冻结层深度以下。 （ ）

(10)基础和地基可以承受建筑物的全部荷载,因此基础就是地基。 （ ）

(11)砖基础为满足刚性角的限制,其台阶的允许宽高比应为1:1.5。 （ ）

(12)钢筋混凝土基础不受刚性角限制,其截面高度向外逐渐减少,但最薄处的厚度不应小于300mm。 （ ）

(13)混凝土基础是刚性基础。 （ ）

(14)钢筋混凝土基础是刚性基础。 （ ）

(15)直接承受建筑荷载的土层为下卧层。 （ ）

(16)直接承受建筑荷载的土层为持力层。 （ ）

(17)人工加固地基的方法有压实法、换土法、打桩法。 （ ）

(18)基础埋深是指从基础顶面到基础底面的垂直深度。 （ ）

(19)某地下室的净高位3m,现有2m埋在土中,该地下室为半地下室。 （ ）

(20)某地下室的净高位3m,现有2m埋在土中,该地下室为全地下室。 （ ）

(21)基础埋深是指从室外设计地坪到基础底面的垂直深度。 （ ）

(22)基础埋深是指从室内设计地坪到基础底面的垂直深度。 （ ）

(23)当地下水的常年水位和最高水位低于地下基地面标高,且地基范围内无形成滞水可能时,地下室的外墙和底板应做防水处理。 （ ）

(24)当地下水的常年水位或最高水位高于地下基地面标高时,地下室的外墙和底板应做防水处理。 （ ）

(25)由于地下室外防水比内防水施工麻烦,所以内防水采用更广泛。 （ ）

(26)当最高地下水位高于地下室地坪时,只需做防潮处理。 （ ）

(27)当最高地下水位低于地下室地坪时,只需做防潮处理。 （ ）

(28)地下室一般每个窗可以设置一个采光井。 （ ）

4)填空题

(1)基础是承受_____传来的全部荷载,_____（"属于"或"不属于"）建筑物的一部分。

(2)地基是_____下部的_____,_____（"属于"或"不属于"）建筑物的一部分。

(3)凡是有足够的_____和稳定性,不需要人工加固,可直接在其上_____的土层称

为天然地基。

(4)当土层的_____较低或虽然土层较好,但上部荷载较_____,必须对土层进行_____,以提高其承载力,并满足变形的要求,这种通过人工处理的土层,称为_____地基。

(5)基础按构造形式可以分为_____基础、_____基础、_____基础、_____基础、_____基础、_____基础等。

(6)地下室一般由_____、_____、_____、_____、_____五大部分组成。

2.1.3　技能训练

班级_____　姓名_____　学号_____　自评_____　互评_____　师评_____

1）绘制基础断面图

在教师的指导下到施工现场或1:1仿真建筑模型,认识常见基础类型及做法;选一基础量取基础尺寸绘制基础断面图,要求按断面图制图要求绘制基础断面图并标注尺寸,明确材料、做法等。比例可按实物具体情况选择,如1:20。

2）抄绘建筑地下室防水构造图

根据所给地下室防水构造图,按图示尺寸和要求抄绘地下室防水构造图,如图2-2所示。

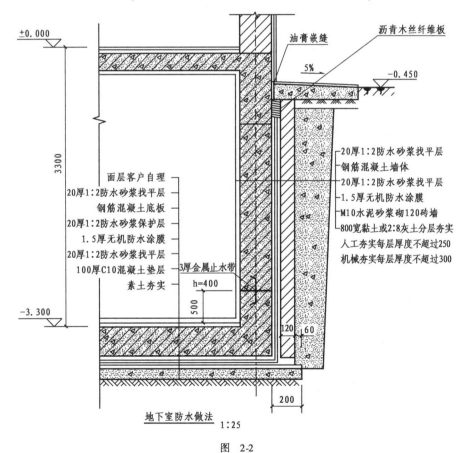

图　2-2

任务2.2　识读墙身构造图

子任务　抄绘墙身构造图

2.2.1　任务书和指导书

1）目的

(1)了解建筑墙身构造组成、构造名称及构造要求。

(2)掌握墙身细部构造做法及图示方法。

2）内容与要求

【内容】

(1)熟悉墙体细部构造。

(2)识读并绘制建筑墙身构造图。测绘实物建筑或1:1仿真建筑模型的墙身各节点构造,绘制墙身节点详图;或绘制教材附图"建施18"墙身详图,或绘制本手册所给参考墙身详图。

【要求】小组合作,独立完成。图纸要求根据建筑制图统一标准规范标注。布图合理,线型符合墙身详图图示要求,内容表达准确,图面干净清楚。

3）应交成果

外墙墙身构造图纸(图幅:A3),墙身构造图包含内容:墙脚节点、窗台、过梁节点、檐口节点图等。

4）时间要求

测绘:课内或课外组织完成。

绘图:课内 + 课后完成。

5）指导

(1)识读教材附图墙身构造图,讲解常见构造做法。

(2)示范详图绘图方法,按图示比例和墙身详图绘图要求讲解绘图要求及详图内容指导。讲解多个详图合理布图要求。

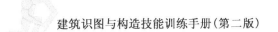

2.2.2 理论自测

班级_____ 姓名_____ 学号_____ 自评_____ 互评_____ 师评_____

1)单项选择题

(1)下列不属于墙体构件定义的是( )。
    A.竖向构件   B.围护构件   C.水平构件   D.承重构件

(2)下面既属于承重构件又是围护构件的是( )。
    A.承重墙   B.基础   C.楼梯   D.门窗

(3)墙体按受力情况分为( )。
    A.纵墙和横墙   B.承重墙和非承重墙
    C.内墙和外墙   D.空体墙和实体墙

(4)外墙外侧墙脚处的排水斜坡构造称为( )。
    A.勒脚   B.散水   C.踢脚   D.墙裙

(5)当室内地面垫层为C10混凝土时,其水平防潮层的位置应设在( )。
    A.-0.060m处   B.±0.000m处   C.+0.060m   D.都可以

(6)下列关于散水的构造做法表述中,( )是不正确的。
    A.在素土夯实上做60~100mm厚混凝土,其上再做5%的水泥砂浆抹面
    B.散水宽度一般为600~1000mm
    C.散水与墙体之间应整体连接,防止开裂
    D.当屋面为自由落水时,其宽度应比屋檐挑出宽度大150~200mm

(7)勒脚是墙身接近室外地面的部分,下列材料中可选用( )。
    A.水泥砂浆   B.混合砂浆   C.纸筋灰   D.冷底子油

(8)外窗台应设置排水构造。外窗台应有不透水的面层,并向外形成不小于( )的坡度,以利于排水。
    A.5%   B.8%   C.10%   D.20%

(9)当上部有集中荷载时,应选用( )过梁。
    A.砖砌平拱   B.砖砌弧拱   C.钢筋砖   D.钢筋混凝土

(10)下列关于圈梁作用的表述中,( )是不正确的。
    A.加强房屋的整体性
    B.提高墙体承载力
    C.增加墙体稳定性
    D.减少由于地基不均匀沉降引起的墙体开裂;提高房屋抗震能力

(11)圈梁钢筋一般均按构造配置钢筋,纵向钢筋不应小于( ),箍筋间距不应大于250mm。
    A.2φ6   B.4φ10   C.4φ18   D.4φ20

(12)构造柱施工时,应先砌墙后浇筑钢筋混凝土,拉结钢筋每边伸入墙内不宜小于( )mm。
    A.200   B.500   C.800   D.1000

(13)下列关于构造柱,说法错误的是( )。
    A.构造柱的作用是增强建筑物的整体刚度和稳定性
    B.构造柱可以不与圈梁连接
    C.构造柱的最小截面尺寸是240mm×180mm
    D.构造柱处的墙体宜砌成马牙槎

(14)构造柱的最小断面尺寸为( )。
    A.120mm×180mm   B.180mm×240mm
    C.200mm×300mm   D.240mm×370mm

(15)变形缝的种类有( )。
    A.横缝、竖向缝   B.平缝、错口缝
    C.平缝、错口缝、企口缝   D.伸缩缝、沉降缝、防震缝

(16)伸缩缝是为了预防( )对建筑物的不利影响而设置的。
    A.温度变化   B.地基不均匀沉降
    C.地震   D.荷载过大

(17)设置沉降缝应断开的建筑构件有( )。
    A.屋顶、楼板、基础   B.墙体、基础
    C.屋顶、地基   D.楼地层、墙体、屋顶、基础

(18)设置( )需将房屋从基础到屋顶全部断开。
    A.沉降缝   B.伸缩缝   C.变形缝   D.抗震缝

2)多项选择题

(1)砌体结构为了增强建筑物的整体刚度和稳定性,可采取( )措施。
    A.构造柱   B.变形缝   C.过梁
    D.圈梁   E.防潮层

(2)下列细部构造属于墙脚构造的有( )。
    A.勒脚   B.泛水   C.散水
    D.明沟   E.天沟

(3)下列关于圈梁作用的表述中,( )是正确的。
    A.加强房屋的整体性
    B.提高墙体承载力
    C.增加墙体稳定性
    D.减少由于地基不均匀沉降引起的墙体开裂,提高房屋抗震能力
    E.可提高建筑物防水性能

(4)墙体一般具有( )等功能。
    A.承重   B.围护   C.分隔
    D.美观   E.采光

3)判断题

(1)墙既是建筑物的承重构件,又是围护构件。   ( )

(2)按构造要求,门窗洞口上方过梁必须是连续闭合的。   ( )

(3)构造柱的施工方式是先浇构造柱的混凝土,然后再砌墙。　　　　　　　　　(　　)

(4)当室内地面垫层为碎石或炉渣时,其水平防潮层的位置宜设在0.060m处。　(　　)

(5)由于建筑物的沉降,勒脚与散水施工时间的差异,在勒脚与散水交接处应留有缝隙,缝内填粗砂或米石子,上嵌沥青胶盖缝,以防渗水。　　　　　　　　　　　　　　　　　(　　)

(6)外窗台应设置排水构造。外窗台应有不透水的面层,并向外形成不小于20%的坡度,以利于排水。　　　　　　　　　　　　　　　　　　　　　　　　　　　　　　　　　(　　)

(7)钢筋混凝土过梁伸入墙体长度应不小于120mm。　　　　　　　　　　　　(　　)

(8)砖砌挑窗台,挑出尺寸一般为60mm。　　　　　　　　　　　　　　　　　(　　)

4)填空题

(1)墙体按其受力状况不同,分为_____和_____两种,其中_____包括自承重墙、隔墙、填充墙等。

(2)当墙身两侧室内地面有高差时,为避免墙身受潮,常在室内地面处设_____,并在靠土的垂直墙面设_____。

(3)散水宽度一般为_____mm,并应设不小于_____的排水坡度。

(4)砌筑砖墙时,必须保证上下皮砖缝_____、_____、内外搭接,避免形成通缝。

(5)钢筋混凝土圈梁的高度一般不小于_____mm,高度一般不小于_____mm,按构造配置钢筋,纵向钢筋不应小于_____,箍筋间距不应大于_____mm。

(6)砖混结构中构造柱的最小尺寸为_____mm×_____mm,配筋一般设主筋为_____,箍筋间距不大于_____mm。

5)简答题

(1)勒脚的作用是什么?常用的材料、做法有哪几种?

(2)圈梁的作用和设置要求是什么?

(3)构造柱的作用和设置要求是什么?

(4)用图示例圈梁遇洞口需断开时,其附加圈梁与原圈梁间的搭接关系。

2.2.3　技　能　训　练

班级_____姓名_____学号_____自评_____互评_____师评_____

1)测绘墙身节点详图或抄绘墙身构造图(A3图纸)

墙身详图参考图如图2-3所示。

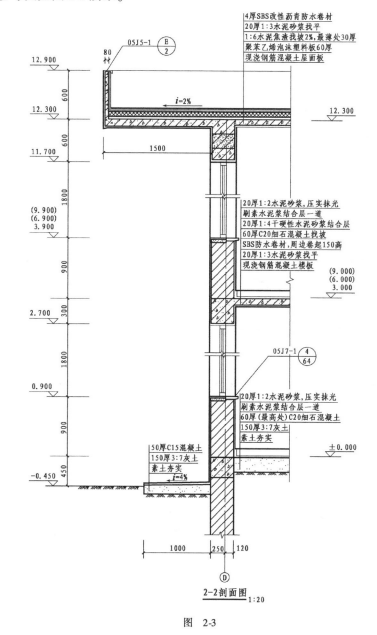

图　2-3

任务2.3　识读楼地层构造图

子任务　1.绘制楼地层构造图
**　　　　2.绘制阳台、雨篷构造图**

2.3.1　任务书与指导书

1)目的

(1)了解建筑楼地层、阳台和雨篷构造组成。
(2)掌握楼地层细部构造做法及图示方法。
(3)掌握阳台、雨篷防水构造图。

2)内容与要求

【内容】
(1)掌握楼地层构造做法。
(2)识读并绘制楼地层构造做法。测绘实物建筑或1:1仿真建筑模型的楼地层构造做法,或分别设计教学楼普通地面、楼面及卫生间楼面的构造图。
(3)测绘学生宿舍楼阳台(雨篷)构造图。按比例绘制阳台(雨篷)构造图。
【要求】独立完成,图纸要求根据建筑制图统一标准规范标注。

3)应交成果

A3图纸一张,内容:教学楼地层及楼层构造图、楼层防水构造图、阳台(雨篷)构造图。

4)时间要求

课内＋课后完成。

5)指导

(1)参看教材附图图纸楼地层及楼层构造图、楼层防水构造图、阳台(雨篷)构造图。
(2)根据课堂动画课件学得的知识做答,重点参看楼地层的构造层次、阳台(雨篷)构造图。

2.3.2　理论自测

班级_____　姓名_____　学号_____　自评_____　互评_____　师评_____

1)单项选择题

(1)在建筑物中起分隔楼层作用的水平构件为(　　)。
　　A.楼板　　　　　　B.地板　　　　　　　C.楼梯　　　　　　　D.楼梯平台
(2)楼板层通常由(　　)组成。
　　A.面层、楼板、地坪　　　　　　　　　B.面层、楼板、顶棚
　　C.支撑、楼板、顶棚　　　　　　　　　D.垫层、梁、楼板
(3)地层的基本组成为(　　)。
　　A.楼地层、结构层、面层　　　　　　　B.顶棚层、结构层、面层
　　C.基层、垫层、面层　　　　　　　　　D.顶棚层、垫层、面层
(4)以下为合理地层的构成的是(　　)(顺序为由上向下)。
　　A.面层、钢筋混凝土结构层、碎石垫层、素土夯实层
　　B.面层、垫层、找平层、素土夯实层
　　C.面层、结构层、垫层、结合层
　　D.构造层、结构层、垫层、素土夯实层
(5)下面属整体地面的是(　　)。
　　A.釉面地砖地面和抛光砖地面　　　　　B.抛光砖地面和水磨石地面
　　C.水泥砂浆地面和抛光砖地面　　　　　D.水泥砂浆地面和水磨石地面
(6)现浇水磨石地面常嵌固分格条(玻璃条、铜条等),其目的是(　　)。
　　A.防止面层开裂　　　　　　　　　　　B.便于磨光
　　C.面层不起灰　　　　　　　　　　　　D.增添美观
(7)保温层属于楼地层中的(　　)。
　　A.基层　　　　　B.垫层　　　　　　　C.结构层　　　　　　D.附加层
(8)以下属于附加层的是(　　)。
　　A.结构层　　　　B.基层　　　　　　　C.防水层　　　　　　D.面层
(9)有防水要求的房间,防水层应该(　　)。
　　A.伸入踢脚板100~150mm　　　　　　B.伸至门口处
　　C.伸至墙角处　　　　　　　　　　　　D.伸至门口外侧100mm处
(10)有水房间楼面标高应该(　　)。
　　A.与其他房间平齐　　　　　　　　　　B.高于其他房间
　　C.低于其他房间10mm　　　　　　　　D.低于其他房间30~50mm
(11)热力管穿过楼板时使用的套管应高出地面以上(　　)。
　　A.10mm　　　　B.20mm　　　　　　　C.30mm　　　　　　　D.40mm
(12)以下关于楼层防水说法错误的是(　　)。

A. 需要设地漏　　　　　　　　　　B. 需要设排水坡度

C. 需要设置防水层　　　　　　　　D. 需要预制钢筋混凝土楼板层作为结构层

(13) 无梁楼板是将板支承在(　　)上,而不设置主梁和次梁的结构。

A. 墙　　　　B. 柱　　　　　　C. 梁　　　　　　　D. 屋架

(14) 楼板层的隔声构造措施不正确的是(　　)。

A. 楼面上铺设地毯　　　　　　　B. 设置矿棉毡垫层

C. 做楼板吊顶处理　　　　　　　D. 设置混凝土垫层

(15) 下列对于楼板层的构造说法正确的是(　　)。

A. 楼板应有足够的强度,可不考虑变形问题

B. 现浇钢筋混凝土楼板比预制装配式楼板施工速度快

C. 空心板保温隔热效果好,且可打洞,故常采用

D. 采用无梁楼板可提高室内净空高度

(16) 以下关于压型钢板混凝土组合楼板说法错误的是(　　)。

A. 压型钢板在浇筑过程中起受拉钢筋的作用

B. 压型钢板在浇筑过程中起到模板的作用

C. 压型钢板在浇筑完混凝土后不再拆除

D. 压型钢板在浇筑完混凝土后可以拆除

(17) 板式楼板按受力和传力不同分为(　　)。

A. 预应力板和非预应力板　　　　B. 木楼板和钢筋混凝土楼板

C. 预制式和现浇式板　　　　　　D. 单向板和双向板

(18) 单向板的长短边之比应为(　　)。

A. 等于2　　　B. 大于2　　　　C. 小于2　　　　　D. 小于或等于2

(19) 梁板式楼板的传力过程为(　　)。

A. 梁→板→柱　　　　　　　　　B. 板→柱

C. 板→梁→柱/墙　　　　　　　　D. 柱/墙→梁→板

(20) 阳台按使用要求不同可分为(　　)。

A. 凹阳台和凸阳台　　　　　　　B. 生活阳台和服务阳台

C. 封闭阳台和开敞阳台　　　　　D. 生活阳台和工作阳台

(21) 阳台按相对外墙的位置不同可分为(　　)。

A. 凹阳台、凸阳台和半凹半凸阳台　B. 生活阳台和服务阳台

C. 封闭阳台和开敞阳台　　　　　D. 生活阳台和工作阳台

(22) 挑板式阳台的出挑长度不宜超出(　　)。

A. 1.2m　　　B. 1.5m　　　　C. 2m　　　　　　D. 2.5m

(23) 阳台栏杆形式应防坠落,垂直栏杆间净距不应大于(　　)mm。

A. 100　　　B. 110　　　　C. 120　　　　　D. 150

(24) 阳台水舌挑出长度为不小于(　　)。

A. 20mm　　　B. 30mm　　　C. 80mm　　　　D. 50mm

(25) 雨篷四周泛水高度不应小于(　　)。

A. 120mm　　　B. 150mm　　　C. 200mm　　　D. 250mm

(26) 阳台排水坡度为(　　)。

A. 小于1%　　　B. 1%~2%　　　C. 大于2%　　　D. 大于3%

(27) 雨篷悬挑长度一般为(　　)。

A. 900~1500mm　B. 小于900mm　　C. 大于1500mm　D. 大于1800mm

(28) 吊顶的吊筋是连接(　　)的承重构件。

A. 骨架和屋面板或楼板等　　　　B. 主龙骨与次龙骨

C. 骨架与面层　　　　　　　　　D. 面层与面层

2) 多项选择题

(1) 阳台按使用要求不同可分为(　　)。

A. 凹阳台　　　　　B. 生活阳台　　　　　C. 凸阳台

D. 服务阳台　　　　E. 半凹半凸阳台

(2) 以下关于梁板式楼板说法正确的是(　　)。

A. 梁板式楼板是梁与板组合的楼板

B. 梁板式楼板可以单方向设梁,也可以双方向设梁

C. 井梁式楼板是梁板式楼板的一种特殊形式

D. 井梁式楼板中的梁没有主次之分

E. 梁板式楼板是指将板直接由柱支撑

(3) 以下属于现浇钢筋混凝土凸阳台结构类型的是(　　)。

A. 挑板式　　　B. 压梁式　　　　C. 挑梁式　　　　D. 楼板压重式

(4) 吊顶一般由(　　)组成。

A. 顶棚　　　　　B. 骨架　　　　　　C. 面层

D. 吊筋　　　　　E. 垫层

(5) 阳台是由(　　)组成。

A. 阳台板　　　　B. 过梁　　　　　　C. 栏杆

D. 扶手　　　　　E. 构造柱

3) 判断题

(1) 地坪层由面层、垫层、结构层、顶棚层构成。　　　　　　　　　　　　　　(　　)

(2) 在建筑物中分隔楼层作用的水平构件为楼板。　　　　　　　　　　　　　(　　)

(3) 楼板层通常由面层、结构层、顶棚组成。　　　　　　　　　　　　　　　　(　　)

(4) 抛光砖地面和水磨石地面属于整体地面。　　　　　　　　　　　　　　　(　　)

(5) 水泥砂浆地面属于整体地面。　　　　　　　　　　　　　　　　　　　　(　　)

(6) 地层主要由面层、垫层和基层组成。　　　　　　　　　　　　　　　　　(　　)

(7) 保温层属于楼地层中的垫层。　　　　　　　　　　　　　　　　　　　　(　　)

(8) 保温层属于楼地层中的附加层。　　　　　　　　　　　　　　　　　　　(　　)

(9) 防水层属于楼地层中的附加层。　　　　　　　　　　　　　　　　　　　(　　)

(10) 有防水要求的房间,防水层应该伸入踢脚板100~150mm。　　　　　　　(　　)

4) 填空题

(1) 无梁楼板是将板支承在_____上,而不设置主梁和次梁的结构。

(2)阳台是多层及高层建筑中供人们室外活动的平台,有_____和服务阳台之分。

(3)板式楼板按受力和传力不同分为_____和双向板。

(4)单向板的长短边之比大于_____。

(5)阳台按相对外墙的位置不同可分为_____、凸阳台和半凹半凸阳台。

(6)雨棚四周泛水高度不应小于_____mm。

(7)阳台水舌挑出长度不应小于_____mm。

(8)阳台栏杆形式应防坠落,垂直栏杆间净距不应大于_____mm。

2.3.3　技能训练

班级_____姓名_____学号_____自评_____互评_____师评_____

1)识读楼-2 花岗岩楼面构造图(图2-4),**完成识图报告**

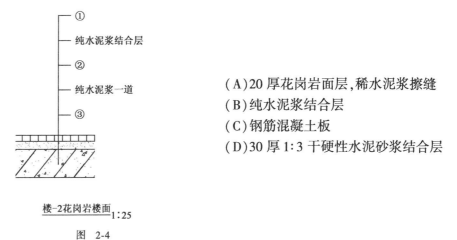

(A)20厚花岗岩面层,稀水泥浆擦缝
(B)纯水泥浆结合层
(C)钢筋混凝土板
(D)30厚1:3 干硬性水泥砂浆结合层

楼-2花岗岩楼面 1:25

图 2-4

(1)从楼-2 花岗岩楼面构造可知,编号①的构造说明是(　　)。

(2)从楼-2 花岗岩楼面构造可知,编号②的构造说明是(　　)。

(3)从楼-2 花岗岩楼面构造可知,编号③的构造说明是(　　)。

2)识读花岗岩地面构造图(图2-5),**完成识图报告**

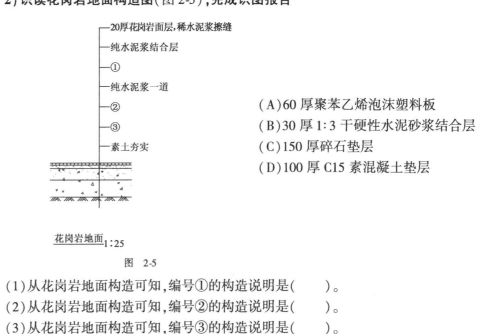

(A)60厚聚苯乙烯泡沫塑料板
(B)30厚1:3 干硬性水泥砂浆结合层
(C)150厚碎石垫层
(D)100厚 C15 素混凝土垫层

花岗岩地面 1:25

图 2-5

(1)从花岗岩地面构造可知,编号①的构造说明是(　　)。

(2)从花岗岩地面构造可知,编号②的构造说明是(　　)。

(3)从花岗岩地面构造可知,编号③的构造说明是(　　)。

任务2.4 识读楼梯构造图

子任务 **1.认识楼梯、明确楼梯的组成**

2.楼梯详图识读

3.楼梯设计

2.4.1 任务书与指导书

1)目的

(1)能说出楼梯的组成。

(2)能说出楼梯各部分的尺度要求,团队合作,测绘楼梯。

(3)能识读楼梯详图。

(4)能设计楼梯,进一步识读楼梯详图。

2)内容与要求

(1)测绘实物建筑楼梯,明确楼梯组成

【内容】根据楼梯测绘结果,补充完成楼梯平面图与剖面图。

【要求】补充的尺寸应符合建筑模数(包括开间、进深、平台宽度、踏步高度、踏步宽度、梯段水平投影长度、标高等);标注踏步宽度、踏步高度时,运用等式标注法。

(2)识读本手册所附楼梯详图

【内容】识读本手册所附楼梯详图,撰写楼梯详图识图报告。

【要求】识读楼梯平面图、剖面图与楼梯节点详图,内容包括:楼梯类型,结构形式,各组成部分的材料、尺寸,各楼梯及平台标高,踏步栏杆等的装修做法。

(3)楼梯设计

【内容】根据已知条件设计楼梯尺度并绘制楼梯详图。

【要求】绘 A3 图纸一张,比例 1:50,绘制出底层平面图、二层平面图、顶层平面图及楼梯剖面图。

3)应交成果

(1)楼梯测绘报告

(2)楼梯识图报告

(3)楼梯详图(A3 图纸)

4)时间要求

(1)楼梯测绘报告:课内 + 课后完成

(2)楼梯识图报告:课内完成

(3)楼梯详图(A3 图纸):课内 + 课后完成

5)指导

(1)楼梯测绘

①根据所学知识,到实训楼现场分组测量出楼梯的所有数据。

②原则上 8 人一组,小组长分工测量楼梯间各细部尺寸,完成相应报告。

③测量过程小组合作讨论完成,小组长分工,人人动手。

④有不明确的地方可以要求再到实训楼现场观察。

⑤要求成果图样正确,尺寸完整。

(2)楼梯详图识读

①整体识图,了解楼梯概况。

②顺序识图,并对照其他图样识图。

③对照平面图的读图方法写识图报告。

④对照剖面图的读图方法写识图报告。

⑤对照详图的读图方法写识图报告。

⑥整理识图报告。

(3)楼梯设计

①确定楼梯形式和各部分尺寸。

②根据算出尺寸,按要求比例画出底层、中间层和顶层平面草图。

③确定楼梯结构和构造方案。

④画出楼梯剖面草图,按要求标注尺寸。

⑤检查绘出的平、剖面草图是否符合楼梯的设计要求,有无矛盾的地方,并进行调整。

⑥根据调整好的平、剖面草图,按前述要求正式完成平面图、剖面图和节点详图。

2.4.2 理论自测

班级_____姓名_____学号_____自评_____互评_____师评_____

1)单项选择题

(1)在建筑中联系上下各层的垂直交通设施,处于火灾和地震情况下供人们紧急疏散的建筑构件是( )。

    A.普通电梯   B.楼梯   C.扶梯   D.台阶

(2)除个别高层建筑外,高层建筑中至少设置( )个楼梯。

    A.2   B.3   C.4   D.5

(3)下面的哪种楼梯不能作为疏散楼梯( )。

    A.直跑楼梯   B.剪刀楼梯   C.多跑楼梯   D.螺旋楼梯

(4)楼梯坡度范围在( )之间。

    A.23°~45°   B.45°~55°   C.55°~65°   D.65°~90°

(5)普通楼梯的适宜坡度为( )。

    A.23°   B.25°   C.30°   D.35°

(6)爬梯坡度范围在( )之间。

    A.23°~45°   B.45°~55°   C.45°~65°   D.45°~90°

(7)自动扶梯的坡度比较平缓,一般为( )。

    A.23°   B.25°   C.30°   D.35°

(8)残疾人轮椅使用的坡道坡度不应大于( )。

    A.1:10   B.1:12   C.1:16   D.1:20

(9)人的平均步距为( )。

    A.200~320mm   B.300~420mm   C.400~520mm   D.600~620mm

(10)楼梯踏步的踏面宽 b 及踢面高 h,参考经验公式( )。

    A.$b+2h=600~620mm$ B.$2b+h=600~620mm$

    C.$b+2h=580~620mm$ D.$2b+h=580~620mm$

(11)楼梯每个梯段的踏步数应为( )步。

    A.2~16   B.3~18   C.5~20   D.8~20

(12)楼梯平台过道处净空高度为( )。

    A.不大于2000mm   B.不小于2000mm

    C.不大于2200mm   D.不小于2200mm

(13)楼梯段间净高要求不小于( )m。

    A.1.9   B.2   C.2.1   D.2.2

(14)楼梯中间休息平台下做出入口时,净高要求不小于( )m。

    A.1.9   B.2   C.2.1   D.2.2

(15)一般室内楼梯扶手高度不应小于( )m。

    A.0.8   B.0.9   C.1   D.1.1

(16)一般室外楼梯扶手高度不应小于( )m。

    A.0.8   B.0.9   C.1   D.1.05

(17)供儿童使用的楼梯应在( )mm 高度增设扶手。

    A.300~400   B.400~500   C.500~600   D.600~700

(18)为防儿童跌落,栏杆垂直杆件间净距不应大于( )mm。

    A.110   B.120   C.130   D.150

(19)楼梯平台的深度一般应( )梯段的宽度。

    A.等于1/2   B.小于   C.等于或大于   D.等于或小于

(20)梯井宽度以( )mm 为宜。

    A.60~150   B.100~200   C.60~200   D.60~300

(21)公共建筑物楼梯井宽度不小于( )mm。

    A.110   B.120   C.130   D.150

(22)踏步的宽度成人以( )mm 左右较适宜。

    A.150   B.200   C.250   D.300

(23)楼梯中一般单股人流通行时梯段宽度应不小于( )mm。

    A.900   B.1100~1400

    C.1650~2100   D.2750~3500

(24)楼梯中一般双股人流通行时梯段宽度为( )mm。

    A.900   B.1100~1400   C.1650~2100   D.2750~3500

(25)楼梯中一般三股人流通行时梯段宽度为( )mm。

    A.900   B.1100~1400   C.1650~2100   D.2750~3500

(26)当楼梯梯段通行人数达四股人流时,扶手设置要求为( )。

    A.除两侧设扶手外还应加设中间扶手   B.只设两侧扶手

    C.只设中间扶手   D.不设扶手

(27)在楼梯平面图中,楼梯梯段水平投影的长度尺寸标注形式为( )。

    A.踏面数×踏面宽   B.踏面数×踏面宽=梯段水平投影长度

    C.步级数×踏面宽   D.步级数×踏面宽=梯段水平投影长度

(28)楼梯梯段的水平投影长度是以11×250=2750形式表示的,其中11表示的是( )。

    A.踏步数   B.步级数   C.踏面数   D.踏面宽

(29)现浇钢筋混凝土楼梯一般可分为( )楼梯和梁式楼梯。

    A.剪刀   B.板式   C.井式   D.无梁

(30)现浇钢筋混凝土板式楼梯的梯段板两端是( )。

    A.联系梁   B.过梁   C.平台梁   D.圈梁

(31)现浇钢筋混凝土梁式楼梯在梯段板两侧设( )。

    A.联系梁   B.楼梯梁   C.构造梁   D.平台梁

(32)台阶宽度应大于所连通的门洞口宽度,至少每边宽出( )。

    A.600mm   B.300mm   C.400mm   D.500mm

(33)室外台阶踏步宽为( )左右。

    A.300~400mm   B.250mm   C.250~300mm   D.220mm

(34)室外台阶的踏步高一般在( )mm 左右。

    A. 120   B. 150   C. 200   D. 120~150

2)多项选择题

(1)楼梯一般由( )组成。

    A. 梯段   B. 平台   C. 栏杆扶手

    D. 梯梁   E. 梯斜梁

(2)楼梯的类型按承重结构所用材料分( )。

    A. 木楼梯   B. 钢筋混凝土楼梯   C. 钢楼梯

    D. 交叉楼梯   E. 双跑楼梯

(3)楼梯的类型按楼梯间平面形式分( )。

    A. 开敞式楼梯   B. 封闭式楼梯   C. 疏散楼梯

    D. 防烟楼梯   E. 辅助楼梯

(4)楼梯的类型按楼梯平面形式主要分( )。

    A. 直跑楼梯   B. 折角楼梯   C. 双跑楼梯

    D. 封闭式楼梯   E. 剪刀式楼梯

(5)下面哪些楼梯可作为疏散楼梯( )。

    A. 直跑楼梯   B. 多跑楼梯   C. 螺旋楼梯

    D. 剪刀楼梯   E. 弧形楼梯

(6)当在平行双跑楼梯底层中间平台下需设置通道时,为保证平台下净高满足要求,一般可采用哪些解决办法( )。

    A. 长短跑   B. 下沉地面   C. 综合法

    D. 不设平台梁   E. 经过平台下时低头通行

(7)楼梯的踏步面层应( )。

    A. 便于行走   B. 耐磨   C. 防滑

    D. 便于清洁   E. 铺地毯

(8)楼梯详图是由( )构成的。

    A. 楼梯平面图   B. 楼梯立面图   C. 楼梯剖面图

    D. 楼梯节点详图   E. 楼梯总平面图

(9)室外台阶的构造要求是( )。

    A. 耐久性   B. 耐磨性   C. 抗冻性

    D. 抗水性   E. 每台阶高应在200mm 以上

3)判断题

(1)螺旋楼梯可作为疏散楼梯。   ( )

(2)任何类型的楼梯均可作为疏散楼梯。   ( )

(3)设有电梯的建筑可不必设有疏散楼梯。   ( )

(4)除个别高层建筑外,高层建筑中至少设置2个楼梯。 ( )

(5)楼梯每个梯段的踏步数应为3~18 步。   ( )

(6)医院的楼梯踏步高宜为175mm 左右,幼儿园的楼梯踏步高宜为150mm 左右。 ( )

(7)楼梯栏杆扶手高度宜为900mm,供儿童使用的楼梯应在500~600mm 高度增设扶手。 ( )

(8)楼梯平台下要通行一般其净高度不小于2000mm。 ( )

(9)民用建筑楼梯段净高不宜小于2.200m。 ( )

(10)楼梯坡度范围在23°~45°之间,普通楼梯的适宜坡度为30°。 ( )

(11)爬梯坡度范围在45°~90°之间。 ( )

(12)公共建筑物楼梯井宽度不小于150mm。 ( )

(13)住宅楼梯井宽大于110mm 时须设置安全措施。 ( )

(14)室外坡道的坡度应不大于1:8。 ( )

(15)室内坡道的坡度应不大于1:10。 ( )

(16)残疾人轮椅使用的坡道坡度不应大于1:12。 ( )

(17)楼梯、电梯、自动扶梯是各楼层间的上、下交通设施,有了电梯和自动扶梯的建筑就可以不设楼梯了。 ( )

(18)楼梯平台宽度应大于或等于楼梯段的宽度。 ( )

(19)楼梯详图由楼梯平面图、楼梯剖面图和楼梯节点详图组成。 ( )

(20)楼梯详图中的楼梯扶手高度是指楼梯踏面至扶手中心的距离。 ( )

(21)从楼梯平面图中可以直接读出梯段的踏步数。 ( )

(22)单独设立的台阶必须与主体建筑分离,中间设沉降缝。 ( )

4)填空题

(1)楼梯、电梯、自动扶梯是各楼层间的上、下交通设施,有了电梯和自动扶梯的建筑还是要设置_____。

(2)楼梯平台下要通行一般其净高度不小于_____mm。

(3)民用建筑楼梯段净高不宜小于_____m。

(4)公共建筑物楼梯井宽度不小于_____mm。

(5)室外坡道的坡度应不大于_____。

(6)残疾人轮椅使用的坡道坡度不应大于_____。

(7)除个别高层建筑外,高层建筑中至少设置_____个楼梯。

建筑识图与构造技能训练手册(第二版)

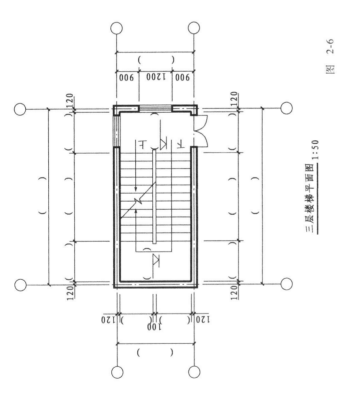

三层楼梯剖面图 1:50

三层楼梯平面图 1:50

图 2-6

1)根据某实物楼梯的现场测绘,补充完整的楼梯图,如图 2-6 所示,并标注出括号中的各相关尺寸,尺寸符合建筑模数要求

班级_____ 姓名_____ 学号_____ 自评_____ 互评_____ 师评_____

2.4.3 技能训练

2)识图楼梯详图,完成识图报告

要求:按如图 2-7 所示的楼梯详图,撰写楼梯详图识图报告(提示:识图楼梯平面图、剖面图与楼梯节点详图,内容包括楼梯类型,结构形式,各组成部分的材料、尺寸,各楼梯及平台标高,踏步栏杆等的装修做法)。

识图报告:

(1)楼梯附图详图中包括楼梯_____图与楼梯_____图,其中楼梯平面图又分为_____层楼梯平面图、_____层楼梯平面图、_____层楼梯平面图。平面图与剖面图所用绘图比例皆为_____。

(2)该楼梯属于板式楼梯,由_____、_____和_____组成,梯段与平台有_____支撑。梯段、平台皆为_____构件。该楼梯为平行_____跑楼梯。

(3)从楼梯平面图可知,该楼梯位于建筑物的横向_____纵向_____轴线间。开间_____mm,进深_____mm,墙厚为_____mm。从平面图可知,各梯段宽为_____mm,梯井宽为_____mm;平台净宽为_____mm,从数据看出,平台宽_____,梯段宽_____,满足《民用建筑设计通则》等的要求。梯段长度尺寸为 9×300mm = 2700mm,表示该楼梯段有_____个踏面,每踏面宽为_____mm。该楼梯间窗为 C-1,窗宽_____mm,窗的位置离_____定位轴线的距离皆为_____mm。

(4)楼梯剖面图的名称为_____剖面图,剖切符号绘在_____平面图中(从_____往_____看),剖切到每层的上行第_____个梯段,即在剖面图中上行第一个梯段为被_____到,上行第二个梯段为_____。该剖面图墙体轴线编号为_____和_____,轴线间距为_____mm。从剖面图中可见,该建筑物室外地坪标高为_____m,室内一楼地面标高为_____m,层高为_____m,二层、三层、四层楼面的标高分别为_____m、_____m、_____m。各休息平台的标高分别为_____m、_____m。从剖面图中可见,各平台下平台梁高为_____mm,楼梯间窗洞高为_____mm,各中间层平台梁底标高分别为_____m、_____m、_____m。

(5)从平面图与剖面图可见,该楼梯为平行双跑_____(是等还是不等)跑楼梯,每跑有_____个踏面,_____步(_____个踢面)。每踏步高_____mm,踏步宽_____mm。每层有_____个踏步。

(6)在建筑物底层的第一跑楼梯段下部设有_____基,材料为_____。楼地层的结构层材料皆为_____,楼梯间墙体材料为_____。

(7)栏杆扶手的详图需看图集_____的第_____页的_____号详图。

3)楼梯设计

用 A3 图纸,绘制出底层平面图、二层平面图、顶层平面图和楼梯剖面图,比例 1:50。给定的条件与要求如下:

(1)某三层公共建筑楼梯,每层层高 3600mm,楼梯开间 3000mm,进深 6600mm,室内外高差 450mm,楼梯间墙厚均为 240mm,楼梯平台下不做出入口,试设计一封闭式楼梯。

(2)楼梯的结构形式为现浇钢筋混凝土楼梯,楼梯形式为双跑梯,栏杆扶手的样式、材料及尺寸等自定。

(3)楼梯间四面墙体均可作承重墙。

40

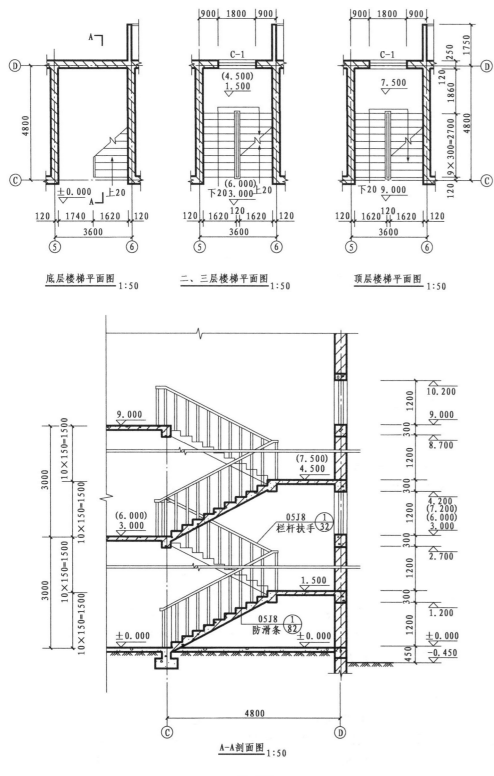

底层楼梯平面图 1:50　　二、三层楼梯平面图 1:50　　顶层楼梯平面图 1:50

A—A剖面图 1:50

图 2-7

任务 2.5　识读屋顶构造图

子任务　抄绘屋顶构造图

2.5.1　任务书与指导书

1)目的

(1)能说出常见的屋面形式,各自优缺点。

(2)能说出屋面的构造层次组成。

(3)能识读屋面的构造图。

2)内容与要求

【内容】

(1)识读与抄绘给定的平、坡屋面构造图。

(2)参观实物建筑或1:1仿真建筑模型平屋顶与坡屋顶,测量并绘制平屋面构造、泛水构造、坡屋面构造及檐沟做法。

【要求】小组合作,独立完成。图纸要求根据建筑制图统一标准规范标注。布图合理,线型符合详图图示要求,内容表达准确,图面干净清楚。

3)应交成果

屋面构造图纸(图幅:A3),构造图包含内容:女儿墙节点、泛水、檐口节点图等。

4)时间要求

测绘:课内或课外组织完成。

绘图:课内＋课后完成。

5)指导

(1)讲解并识读平屋面、坡屋面构造,按比例和图示要求抄绘构造图,并注意不同的断面材料图例表达。

(2)各学习小组共同合作,参观"1:1建筑模型"的屋顶构造,明确各构造的构造层次材料,测量厚度;现场绘制草图,拍摄照片;结合规范按比例、尺寸绘制相关构造图。

(3)合理布图。图示线型和断面材料图案图例符合规范标准,布图合理,图示内容准确清晰。

2.5.2　理论自测

班级_____　姓名_____　学号_____　自评_____　互评_____　师评_____

1)单项选择题

(1)平屋顶的屋面坡度一般为(　　)。

 A.≤10%　　　　B.＞10%　　　　C.≤5%　　　　D.2%～3%

(2)平屋顶采用材料找坡时坡度宜为(　　)。

 A.5%　　　　B.2%　　　　C.3%　　　　D.4%

(3)屋面与其垂直女儿墙面交接处的构造通常称为(　　)。

 A.滴水　　　　B.披水　　　　C.泛水　　　　D.散水

(4)屋盖排水坡度的形式有(　　)和结构找坡两种。

 A.工程找坡　　B.土建找坡　　C.搁置找坡　　D.材料找坡

(5)屋盖排水组织形式有(　　)和有组织排水两种。

 A.内排水　　　　　　　　　　B.外排水

 C.檐沟排水　　　　　　　　　D.无组织排水

(6)工程中单层、低层、多层建筑屋盖排水一般优先采用(　　)。

 A.内排水　　　　　　　　　　B.外排水

 C.自由排水　　　　　　　　　D.无组织排水

(7)下面哪种排水,属于无组织排水(　　)。

 A.挑檐沟外排水　　　　　　　B.女儿墙外排水

 C.自由落水　　　　　　　　　D.内落外排水

(8)平屋顶在采用材料找坡时,找坡材料不宜采用(　　)。

 A.水泥炉渣　　　　　　　　　B.膨胀蛭石

 C.细石混凝土　　　　　　　　D.膨胀珍珠岩

(9)屋顶的排水坡度形成有材料找坡和结构找坡两种,其中材料找坡是指(　　)。

 A.搁置预制板时形成所需坡度　　B.利用轻质材料垫坡形成所需坡度

 C.用防水油毡的厚度处理成所需坡度　D.利用屋面结构层来找坡

(10)屋面防水等级一般分为(　　)级。

 A.一　　　　B.二　　　　C.三　　　　D.四

(11)屋面整体现浇的防水保护层应每隔一定的距离设置(　　)。

 A.沉降缝　　B.伸缩缝　　C.分仓缝　　D.施工缝

(12)柔性防水屋面施工时,防水卷材的阴角圆弧半径不宜小于(　　)mm。

 A.20　　　　B.30　　　　C.40　　　　D.50

(13)下图所示是(　　)。

 A.屋面检查口构造　　　　　　B.变形缝构造

 C.女儿墙构造　　　　　　　　D.檐口构造

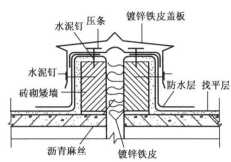

(14)屋面找平层分格缝间距不宜大于(　　)m。

　　A.6　　　　　　　　B.7　　　　　　　　C.8　　　　　　　　D.9

(15)正置式保温屋面是指将(　　)。

　　A.防水层置于保温层之上　　　　　　B.保护层置于防水层之上

　　C.保温层置于防水层之上　　　　　　D.防水层置于保护层之上

(16)为防止由于温度变化而产生的裂缝,通常整体现浇防水保护层应设置(　　)。

　　A.温度缝　　　　　B.沉降缝　　　　　C.分仓缝　　　　　D.防震缝

(17)卷材屋面的泛水高度不宜小于(　　)mm。

　　A.200　　　　　　　B.250　　　　　　　C.350　　　　　　　D.100

2)多项选择题

(1)平屋顶在采用材料找坡时,找坡材料宜采用(　　)。

　　A.水泥炉渣　　　　　　B.膨胀蛭石　　　　　　C.细石混凝土

　　D.膨胀珍珠岩　　　　　E.钢筋混凝土

(2)下面属于有组织排水的是(　　)。

　　A.挑檐沟外排水　　　　B.女儿墙外排水　　　　C.女儿墙挑檐沟外排水

　　D.内落外排水　　　　　E.自由落水

(3)屋盖排水找坡的形式有(　　)。

　　A.结构找坡　　　　　　B.膨胀珍珠岩找坡　　　C.水泥炉渣找坡

　　D.材料找坡　　　　　　E.膨胀蛭石找坡

3)判断题

(1)平屋顶的屋面坡度一般为2%~3%。　　　　　　　　　　　　　　　　(　　)

(2)坡屋顶是指坡度大于10%的屋顶。　　　　　　　　　　　　　　　　(　　)

(3)屋面防水中泛水高度最小值为200mm。　　　　　　　　　　　　　　(　　)

(4)卷材屋面的泛水高度不宜小于250mm。　　　　　　　　　　　　　　(　　)

(5)多跨建筑、高层建筑屋盖排水一般采用内排水。　　　　　　　　　　(　　)

(6)工程中单层、低层、多层建筑屋盖排水一般优先采用外排水。　　　　(　　)

4)填空题

(1)屋顶按其坡度不同,一般可分为_____、_____、_____三类。

(2)屋顶排水方式分为_____、_____两种。平屋顶的排水坡度一般大于或等于_____%,不超过_____%,最常用的坡度为2%~3%。

(3)卷材防水屋面的基本构造层次按其作用可分别为结构层_____、_____层、结合层、防水层、_____层。

(4)在柔性防水屋面构造中,卷材长边搭接长度一般为_____mm,短边搭接长度一般为_____mm。

(5)当雨水管口直径为100mm左右时,每根雨水管所承担的排水面积为_____m²。

(6)常见的柔性防水屋面卷材的铺设方法有_____、_____、_____和机械固定等方法。

(7)平屋顶的隔热通常有_____、_____、_____和_____等处理方法。

(8)天沟的净宽应不小于_____,沟底纵坡坡度范围一般为_____,天沟上口与天沟分水线的高度差应不小于_____。

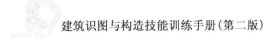

2.5.3 技能训练

班级_____ 姓名_____ 学号_____ 自评_____ 互评_____ 师评_____

1)绘制教学楼屋顶构造图,要求符合屋顶构造要求,图例正确,图线符合规范要求。绘图比例自定

屋顶构造参考图如图2-8所示。

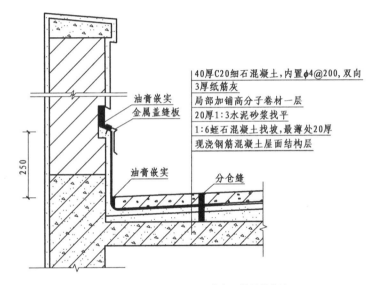

油膏嵌实
金属盖缝板

40厚C20细石混凝土,内置φ4@200,双向
3厚纸筋灰
局部加铺高分子卷材一层
20厚1:3水泥砂浆找平
1:6蛭石混凝土找坡,最薄处20厚
现浇钢筋混凝土屋面结构层

油膏嵌实   分仓缝

a)刚性防水屋面及在女儿墙处的构造

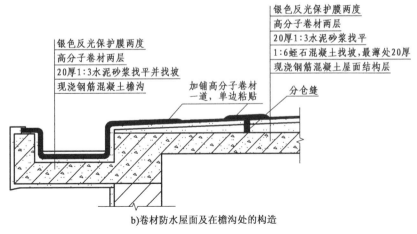

银色反光保护膜两度
高分子卷材两层
20厚1:3水泥砂浆找平并找坡
现浇钢筋混凝土檐沟

银色反光保护膜两度
高分子卷材两层
20厚1:3水泥砂浆找平
1:6蛭石混凝土找坡,最薄处20厚
现浇钢筋混凝土屋面结构层

加铺高分子卷材
一道,单边粘贴   分仓缝

b)卷材防水屋面及在檐沟处的构造

图 2-8

块瓦
挂瓦条30×25(高),中距按瓦材规格
顺水条30×25(高),中距500
35厚C15细石混凝土找平层,内置φ6@500×500钢筋网
3厚高聚物改性沥青防水卷材(或合成高分子防水涂膜≥2)
20厚1:3水泥砂浆找平层
现浇钢筋混凝土屋面板

块瓦
挂瓦条30×25(高),中距按瓦材规格
顺水条30×25(高),中距500
20厚1:3水泥砂浆找平层
现浇钢筋混凝土屋面板

Ⅱ级防水层面选择   Ⅲ级防水层面选择

c)盖黏土瓦的钢筋混凝土坡屋面防水构造

图 2-8

2)根据实物建筑或1:1建筑仿真模型,测量并绘制平屋面构造、泛水构造、坡屋面构造及檐沟做法,A3图纸,比例自定

项目3 建筑施工图识图

任务3.1 识读建筑施工图总说明和总平面图

任务3.2 识读建筑平面图

任务3.3 识读建筑立面图

任务3.4 识读建筑剖面图

任务3.5 识读建筑详图

任务3.1 识读建筑施工图首页图和总平面图

子任务 **1.认识和识读建筑施工总说明**

2.识读和绘制建筑总平面图

3.1.1 任务书与指导书

1)目的

(1)能正确识读施工总说明和施工总平面图。

(2)能按制图规范要求,根据提示补充或修改建筑总平面图。

2)内容与要求

【内容】

(1)识读教材附录图纸目录与建筑设计总说明,识读本手册附图2某厂房土建施工图,完成识图报告。

(2)参观及测绘校园,以所在教学楼为新建建筑物,绘制校园总平面图(选做)。

(3)根据本手册提供的总平面图,按提示要求补充或修改图示内容,并在空白横线上填上正确的答案。

【要求】独立完成。图纸要求根据《房屋建筑制图统一标准》(GB/T 50001—2010)规范标注。

3)应交成果

本手册识图报告,A3图纸:校园总平面图。

4)时间要求

(1)本手册识图报告:课内完成。

(2)A3图纸——校园总平面图:课内+课后完成。

5)指导

(1)参看教材附图图纸目录与建筑设计总说明。

(2)根据课堂动画课件学得的知识做答,具体也可参看教材有关建筑首页图和建筑总平面图的内容,重点参看房屋建筑工程图的有关规定部分。对照总平面图中题目的要求完成填空部分,及在图上的补图和改图。

3.1.2 理 论 自 测

班级_____ 姓名_____ 学号_____ 自评_____ 互评_____ 师评_____

1)单项选择题

(1)下列各比例中,施工图中总平面图常用的比例为( )。

    A.1:50   B.1:100   C.1:200   D.1:500

(2)建筑总平面图中新建房屋的定位依据中用坐标网格定位所表示的 x、y 是指( )。

    A.施工坐标   B.建筑坐标   C.测量坐标   D.投影坐标

(3)建筑总平面图中新建房屋的定位依据中用坐标网格定位所表示的A、B是指( )。

    A.施工坐标   B.建筑坐标   C.测量坐标   D.投影坐标

(4)总平面图中新建建筑轮廓线内需标注的标高是( )。

    A.新建建筑屋顶绝对标高   B.该建筑室内首层地面相对标高

    C.该建筑室内首层地面绝对标高   D.新建建筑屋顶相对标高

(5)总平面图中新建建筑轮廓线外标注的标高( )。

    A.用涂黑绘制的三角形符号来表示,且小数点保留两位

    B.用涂黑绘制的三角形符号来表示,且小数点保留三位

    C.用细实线绘制的三角形符号来表示,且小数点保留两位

    D.用细实线绘制的三角形符号来表示,且小数点保留三位

(6)总平面图中用的风玫瑰图中所画的实线表示( )。

    A.常年所刮主导风风向   B.夏季所刮主导风风向

    C.一年所刮主导风风向   D.春季所刮主导风风向

(7)总平面图中在风玫瑰图中所画的虚线表示( )。

    A.常年所刮主导风风向   B.夏季所刮主导风风向

    C.一年所刮主导风风向   D.春季所刮主导风风向

(8)主要用来确定新建房屋的位置、朝向以及周边环境关系的是( )。

    A.建筑平面图   B.建筑立面图

    C.总平面图   D.功能分区图

(9)对于风向频率玫瑰图说法错误的是( )。

    A.它是根据某一地区全年平均统计的各个方向顺风次数的百分数值,按一定比例绘制的

    B.实线表示全年风向频率

    C.虚线表示夏季风向频率

    D.图上所表示的风的吹向是指从外面吹向该地区中心,且画在总平面图上

(10)下列必定属于总平面图表达的内容的是( )。

    A.墙体轴线   B.柱子轴线

    C.相邻建筑物的位置   D.建筑物总高

(11)下列不属于总平面图比例的是( )。

    A.1:100   B.1:500   C.1:1000   D.1:2000

(12)总平面图用指北针或风向频率玫瑰图来表示建筑物的朝向,指北针宜用细实线绘制,圆的直径宜为( )mm,指北针的尾部宽度宜为3mm。

 A. 24   B. 14   C. 10   D. 8

(13)总平面图中新建建筑用( )表示。

 A. 粗实线   B. 中粗实线   C. 中实线   D. 细实线

(14)总平面图中原有建筑用( )表示。

 A. 粗虚线   B. 中粗虚线   C. 粗实线   D. 中粗实线

(15)总平面图中计划扩建建筑用( )表示。

 A. 粗虚线   B. 中粗虚线   C. 粗实线   D. 中粗实线

(16)▼是表示( )的标高符号。

 A. 首层室内地面   B. 标准层

 C. 首层室外地坪   D. 总图室外地坪

2) 多项选择题

(1)房屋建筑施工图按专业不同一般可分为( )。

 A. 建筑施工图   B. 结构施工图   C. 设备施工图

 D. 水电施工图   E. 空调施工图

(2)建筑总平面图可以选择的常用比例是( )。

 A. 1:100   B. 1:200   C. 1:500

 D. 1:1000   E. 1:2000

(3)以下图纸中以 m 为单位的是( )。

 A. 建筑总平面图中的标高   B. 建筑平面图中的尺寸

 C. 建筑总平面图中的尺寸   D. 建筑详图中的构件尺寸

 E. 基础平面图尺寸

(4)建筑总平面图中新建房屋的定位依据有( )。

 A. 根据指北针定位   B. 根据原有的房屋定位

 C. 根据坐标定位   D. 根据原有的道路定位

 E. 根据朝向定位

3) 判断题

(1)在房屋建筑施工图中,除标高和总平面图中的尺寸以 m 为单位外,其余尺寸单位均为 mm。 ( )

(2)在总平面图中标注的标高值应该取3位小数。 ( )

(3)在施工图中,标注的尺寸数字单位一律以"mm"为单位。 ( )

(4)在建筑总平面图中,可以在房屋投影轮廓的右上角用黑圆点的个数或数字表示建筑物的层数。 ( )

(5)在建筑总平面图中,新建建筑轮廓线用中实线表示。 ( )

(6)在建筑总平面图中,原有建筑轮廓线用粗实线表示。 ( )

(7)在建筑总平面图中,拟建建筑轮廓线用细实线表示。 ( )

(8)总平面图中用粗实线画出的图形是新建房屋的底层平面轮廓。 ( )

(9)总平面图上室外地坪的标高符号,宜涂黑表示。 ( )

(10)在建筑总平面图中,新建建筑轮廓线内标注的标高代表此建筑屋顶处的标高值。 ( )

4) 填空题

(1)首页图是施工图的第一页,一般包括_____、_____、_____、门窗表等。

(2)首页图中的设计说明主要说明该工程的_____、设计的_____和对施工提出的总要求。

(3)工程做法表主要是对屋面、_____面、顶棚、_____面、勒脚、台阶等构造做法的说明。

(4)门窗表是汇总整个建筑物中所包含的门、窗的_____、宽度和长度、_____、开启方式、所采用的材料及制作要求等,便于订货和加工,并为编制预算提供方便。

(5)总平面图是用来表示整个建筑基地的总体布局,包括新建房屋的_____、_____以及周围环境(如原有建筑物、交通道路、绿化、地形、风向等)的情况。

(6)总平面图中新建建筑用_____线表示,总平面图中的尺寸以_____为单位,总平面图中的风向频率玫瑰图中的实线表示_____的风向频率。

(20)绘制室外基层中花岗岩板面的各构造层次(画清图例,标清各层次做法)。

2)识图题

(识读图 3-1 总平面图,按提示要求补充或修改图示内容,并在下面的横线上填上正确的答案,完成识图报表。)

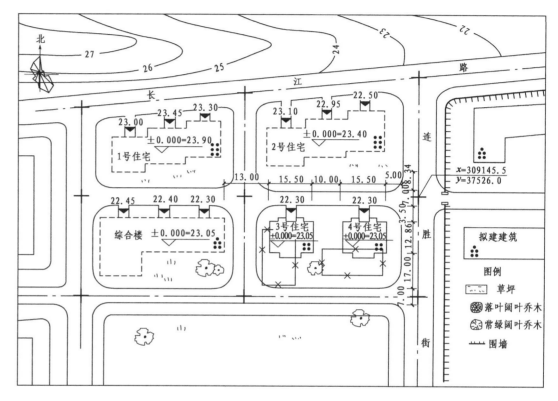

图 3-1 总平面图

3.1.3 技 能 训 练

班级_____姓名_____学号_____自评_____互评_____师评_____

1)识图题

(根据本手册附图 2 某厂房建筑施工图图纸目录与建筑设计总说明,完成下列各题。)

(1)本工程总建筑面积_____ m²,本工程建筑基底总面积_____ m²。

(2)建筑类别_____,建筑层数_____层,建筑高度_____ m。

(3)建筑结构形式为_____结构,合理使用年限为_____年,抗震设防烈度为_____度。

(4)建筑物耐火等级为_____级,建筑防雷类别为_____类,屋面防水等级为_____级,防水合理使用年限为_____年。

(5)本工程相对标高 3.000m 相当于绝对标高_____ m,建筑物室内外高差为_____m。

(6)墙身防潮层的做法_____。室内地坪标高变化处防潮层应重叠搭接_____ mm,并在有高低差埋土一侧的墙身做_____防潮层,如埋土一侧为室外,还应加_____。

(7)屋面排水组织中,雨水管采用_____。

(8)管道竖井设门槛高为_____ mm,门窗五金件要求为_____。

(9)防火墙和公共走廊上疏散用的平开防火门应设_____,双扇平开防火门安装_____和_____,常开防火门需安装_____和_____。

(10)内装修工程执行_____,楼地面部分执行_____。

(11)楼地面构造交接处和地坪高度变化处,除图中另有注明者外均位于_____。

(12)凡设有地漏的房间就应做_____,图中未注明整个房间做坡度者,均在地漏周围_____范围内做_____坡度坡向地漏,有水房间的楼地面应低于相邻房间至少_____ mm 或做_____,邻水侧墙中楼地面上翻_____,高_____ mm、宽_____ mm,_____混凝土。

(13)两种材料的墙体交接处,应根据饰面材质在做饰面前加订金属网或在施工中加贴_____,防止裂缝。预埋木砖及贴邻墙体的木质面均做_____处理,露明铁件均做_____处理。

(14)楼板留洞待设备管线安装完毕后,用_____封堵密实;管道竖井每_____进行封堵。

(15)踢脚高度均为_____ mm。图中所注防水涂料均为_____。

(16)卫生间楼面低于相邻房间楼面_____ mm,淋浴部位四周墙做 1.5mm 厚丙烯酸防水涂膜防水层至吊顶上_____ mm。

(17)当窗台低于 900mm 时,均做_____ mm 高不锈钢栏杆。

(18)室外基层外墙涂料面做法_____,花岗岩板面做法_____。

(19)本套图纸共有建施图_____张,建施 03 为_____。

(1)图北面的曲线代表_____线,数字代表_____,如西侧曲线上标注的 27 表示_____。该地区地势的走向是_____高_____低。

(2)3 号、4 号住宅均为四层新建建筑物,它们的入口处比底层地面低 750mm,在新建这两栋建筑前要拆除建筑红线内的另外两栋老建筑。请直接在原图中修改,用正确图例表达出新建建筑。

(3)1 号、2 号住宅及综合楼均为原有建筑,图例是否正确?_____。若有误请调整。

(4)连胜街东面的 5 层拟建建筑图例是否正确?_____。若有误请调整。

(5)连胜街东面有一 5 层 L 形建筑,属于原有建筑,图例是否正确?_____。若有误请调整。

(6)连胜街东面的标尺刻度状图例表示_____,属于_____性质。

(7)3 号住宅与综合楼的间距是_____ m,3 号住宅与 4 号住宅的间距是 10000mm。

(8)1 号住宅上 $\underset{\nabla}{±0.000=23.40}$ 表示相对于零标高相当于_____标高_____ m。

(9)该图上采用的是_____(测量还是施工)坐标。

(10 该地区一年四季出现频率最高的风向是_____风,风向频率在风玫瑰图中有无体现?_____。若无请补充。如果不考虑风向,为确定建筑物的朝向,图中的风玫瑰可以用_____。

(11)按规范要求绘制一个指北针_____。

(12)图按 1:500 绘制,请在本张图纸底部写上图名比例。

3)绘图题

(参观及测绘校园,以建工实训楼为新建建筑物,用 A3 图纸绘制校园一定区域的总平面图,比例自定。)

任务 3.2　识读建筑平面图

子任务　识读和抄绘建筑平面图

3.2.1　任务书与指导书

1)目的

(1)能正确识读建筑平面图。

(2)能按制图规范要求抄绘建筑平面图。

2)内容与要求

【内容】识读本手册附图 2 某厂房各层建筑平面图,完成识图报告;抄绘教材附录××商住楼底层平面图、中间层平面图、屋顶平面图。

【要求】独立完成。绘图要求线型正确,符合《房屋建筑制图统一标准》(GB/T 50001—2010)要求;线宽合理,分清粗、中、细。布图合理,选用的绘图比例符合要求;标题栏内容齐全。绘图比例:平面图 1:100。

3)应交成果

(1)识图报告。

(2)A3 图纸:建筑平面图。

4)时间要求

课内 + 课后完成。

5)指导

(1)图样规格及比例

常用比例 1:200、1:100、1:50,根据 A3 图纸及绘图内容选择合理比例。考虑尺寸标注与文字注写位置,按图面大小布置好图面。

(2)绘制建筑平面图参考步骤

①定轴线:先定横向和纵向的最外两道轴线,再根据开间和进深尺寸定出各轴线。

②画墙身厚度,定门窗洞位置。定门窗洞位置时,应从轴线往两边定窗间墙宽,这样门窗洞宽自然就定出来了。

③画楼梯(包括栏杆、扶手等)、阳台、台阶、散水、明沟等细部。

④经检查无误后,擦去多余的作图线,按要求加深图线,并标注轴线、尺寸,门窗编号、剖切位置线、图名、比例及其他文字说明。

(3)加深图线要求

①粗实线——建筑平面图中被剖切到的主要建筑构造(包括构配件)的轮廓线,如墙柱轮廓线。

②被剖切的次要建筑构造(包括构配件)的轮廓线,如隔墙、门扇线(门开启线)等;建筑构配件的可见轮廓线,如楼梯、踏步、台阶、厨房设施、卫生器具等图例线,用中实线。

③图例线和线宽小于0.5b的图形线,如在固定设施与卫生器具轮廓线内的图线等,可用细实线。

注:①打底稿可用H铅笔绘出轻、淡、细的底稿线,铅笔削面锥形。
②加深图线(用B或HB加深,铅笔削成扁形),各类图线粗细一致。
③标注尺寸时,数字大小应一致。

3.2.2 理论自测

班级_____姓名_____学号_____自评_____互评_____师评_____

1) 单项选择题

(1)( )是表示建筑物的总体布局、外部造型、内部设置、细部构造、内外装饰、固定设施和施工要求的图样。
    A.结构施工图　　　　　　　　B.设备施工图
    C.建筑施工图　　　　　　　　D.施工平面图

(2)据投影形成原理,建筑平面图实质是( )。
    A.水平剖面图　　　　　　　　B.水平正投影图
    C.垂直剖面图　　　　　　　　D.纵向剖面图

(3)据投影形成原理,建筑平面图是经( )位置水平剖切后绘制的水平剖面图。
    A.窗顶以上　　B.门窗洞口　　C.楼板　　　　D.窗台以下

(4)如果需要了解建筑内部的房间分布情况及估算建筑面积,可以查看( )。
    A.建筑平面图　　　　　　　　B.建筑立面图
    C.建筑剖面图　　　　　　　　D.建筑详图

(5)建筑平面图的常用比例为( )。
    A.1:500　　　　B.1:20　　　　C.1:1000　　　　D.1:100

(6)建筑平面图中标注的尺寸只有数量没有单位,按国家标准规定单位应该是( )。
    A.mm　　　　　B.cm　　　　　C.km　　　　　　D.m

(7)一套建筑施工中,剖面图的剖切位置、剖视方向应在( )平面图上表达。
    A.总　　　　　B.底层　　　　C.中间层　　　　D.屋顶

(8)建筑平面图凡被剖到的墙柱断面轮廓线画( )线。
    A.细实　　　　B.中虚　　　　C.粗实　　　　　D.特粗

(9)建筑平面图没有被剖到的但是可见的台阶、散水等轮廓线用( )线。
    A.细实　　　　B.中实线　　　C.粗实　　　　　D.特粗

(10)建筑平面图的外部尺寸有三道,其中最里面一道尺寸标注的是( )。
    A.房屋的开间、进深　　　　　B.房屋内墙的厚度和内部门窗洞口尺寸
    C.房屋的总长、总宽　　　　　D.房屋外墙的墙段及门窗洞口尺寸

(11)建筑平面图的外部尺寸有三道,其中中间一道尺寸标注的是( )。
    A.房屋的开间、进深　　　　　B.房屋内墙的厚度和内部门窗洞口尺寸
    C.房屋的总长、总宽　　　　　D.房屋外墙的墙段及门窗洞口尺寸

(12)建筑平面图的外部尺寸有三道,其中最外面一道尺寸标注的是( )。
    A.房屋的开间、进深　　　　　B.房屋内墙的厚度和内部门窗洞口尺寸
    C.房屋的总长、总宽　　　　　D.房屋外墙的墙段及门窗洞口尺寸

(13)在建筑施工图的平面图中,"C"一般代表的是( )。

A. 门　　　　　　　B. 窗　　　　　　　C. 柱　　　　　　　D. 预埋件

(14) 在建筑施工图的平面图中,"M"一般代表的是(　　)。

A. 门　　　　　　　B. 窗　　　　　　　C. 柱　　　　　　　D. 预埋件

(15) 下列(　　)代号表示门洞口宽度为1.5m、高度为1.8m。

A. M1518　　　　　B. M1815　　　　　C. M1.81.5　　　　　D. M1.51.8

(16) 室外散水应在下列(　　)中画出。

A. 底层平面图　　　　　　　　　　　B. 中间层平面图

C. 顶层平面图　　　　　　　　　　　D. 屋顶平面图

(17) 一楼入口处上方的雨篷一般在下列(　　)中画出。

A. 底层平面图　　　　　　　　　　　B. 二层平面图

C. 顶层平面图　　　　　　　　　　　D. 屋顶平面图

(18) 屋面排水情况,排水分区、排水方向、屋面坡度和雨水管等一般在下列(　　)中画出。

A. 底层平面图　　　　　　　　　　　B. 二层平面图

C. 顶层平面图　　　　　　　　　　　D. 屋顶平面图

(19) 若某建筑物房间与卫生间的地面高差为0.020m,二层楼面标高为3.600m,则该楼二层卫生间地面标高应为(　　)。

A. 0.020 m　　　　B. 7.180 m　　　　C. 3.580 m　　　　D. 3.600 m

(20) 建筑平面图的外部尺寸一般在图形的下方或左侧注写(　　)尺寸。

A. 一道　　　　　B. 两道　　　　　C. 三道　　　　　D. 四道

(21) 屋顶平面图的外部尺寸一般在图形的下方或左侧注写(　　)尺寸。

A. 一道　　　　　B. 两道　　　　　C. 三道　　　　　D. 四道

(22) 指北针可能出现在下列(　　)中。

A. 首层平面图　　　　　　　　　　　B. 中间层平面图

C. 顶层平面图　　　　　　　　　　　D. 屋顶平面图

(23) 建筑平面图不包括(　　)。

A. 基础平面图　　　　　　　　　　　B. 首层平面图

C. 中间层平面图　　　　　　　　　　D. 屋顶平面图

(24) 关于建筑平面图的图示内容,以下说法错误的是(　　)。

A. 应表示内外门窗位置及编号　　　　B. 应表示楼板与梁柱的位置及尺寸

C. 应标注室内楼地面的标高　　　　　D. 应画出室内设备和形状

(25) (　　)建筑平面图中被剖切到的构配件断面上,应画出抹灰层的面层线,并宜画出材料图例。

A. 比例大于1:50　　　　　　　　　　B. 比例小于1:50

C. 比例为1:100　　　　　　　　　　D. 比例为1:200

(26) 以下几种标高标注符号中,(　　)作为建筑平面图室内标高标注形式。

A. ▽　　　　　B. △　　　　　C. ▼　　　　　D. ▽

(27) ①/Ⓐ 表示 A 号轴线(　　)轴线。

A. 之前的第一个附加　　　　　　　　B. 之后的第一个附加

C. A 轴线之前有一个附加　　　　　　D. A 轴线之后有一个附加

(28) ①/₀₁ 表示 1 号轴线(　　)附加轴线。

A. 之后的第一个　　　　　　　　　　B. 之前的第一个

C. 1 轴线之前有一个　　　　　　　　D. 1 轴线之后有一个

(29) 某六层建筑物,散水的投影应绘制在(　　)。

A. 底层平面图　　　　　　　　　　　B. 中间层平面图

C. 顶层平面图　　　　　　　　　　　D. 屋顶平面图

(30) 檐沟的宽度和坡度在(　　)中表达。

A. 总平面图　　　　　　　　　　　　B. 底层平面图

C. 顶层平面图　　　　　　　　　　　D. 屋顶平面图

(31) 在建筑施工图中,"M"代表(　　)。

A. 窗　　　　　　　B. 墙　　　　　　　C. 梁　　　　　　　D. 门

2) 多项选择题

(1) 建筑平面图可以选择的常用比例是(　　)。

A. 1:2　　　　　　B. 1:10　　　　　　C. 1:50

D. 1:100　　　　　E. 1:200

(2) 国标规定在建筑底层平面图上表示的室外配件有(　　)。

A. 雨篷　　　　　　B. 台阶　　　　　　C. 室外花坛

D. 散水　　　　　　E. 檐口

(3) 建筑平面图中的尺寸一般分为(　　)两大部分。

A. 外部尺寸　　　　B. 轴线间尺寸　　　C. 内部尺寸

D. 细部尺寸　　　　E. 高度尺寸

(4) 建筑平面图的数量可根据建筑物的复杂程度确定,一般应画出(　　)等部分的平面图。

A. 底层　　　　　　B. 中间层　　　　　C. 顶层

D. 屋顶　　　　　　E. 楼梯

3) 判断题

(1) 建筑平面图中绘制指北针时,一般将其绘制在二层平面图中。　　　　　　　　(　　)

(2) 房屋建筑平面图中,横向定位轴线的编号应用阿拉伯数字按从右至左顺序编写,纵向定位轴线编号应用大写拉丁字母按从下至上顺序编写。　　　　　　　　　　　　　　(　　)

(3) 建筑平面图中绘制指北针时,一般将其绘制在底层平面图中。　　　　　　　　(　　)

(4) 建筑平面图是对房屋的水平正投影,而并非剖切后所绘图。　　　　　　　　　(　　)

(5) 我们所住宿舍为6层楼,则该建筑物应画出的平面图数量为6个。　　　　　　(　　)

(6) 建筑平面图是用假想的水平剖切平面剖切后得到的水平剖面图。　　　　　　(　　)

(7) 建筑平面图水平剖切位置一般在房屋窗台以上高度处。　　　　　　　　　　(　　)

(8) 屋顶平面图就是屋顶外形的水平投影图。　　　　　　　　　　　　　　　　(　　)

(9) 平面图上定位轴线的竖向编号可以用大写拉丁字母标注,但其中I、O、Z三个字母不使用。　　　　　　　　　　　　　　　　　　　　　　　　　　　　　　　　　(　　)

(10) 建筑平面图外部尺寸所标注的三道尺寸中,外包尺寸就是外墙皮至外墙皮的尺寸。

(　　)

（11）建筑平面图外部尺寸所标注的三道尺寸中,中间一道尺寸是定位轴线间的尺寸。 （　　）

（12）建筑平面图外部尺寸所标注的三道尺寸中,里面一道尺寸一般表示开间与进深。 （　　）

（13）屋顶平面图中屋面的标高就是房屋的总高度。 （　　）

（14）一般在建筑平面图上的尺寸均为未装修的结构表面尺寸。 （　　）

（15）建筑平面图中,一般横向定位轴线之间的尺寸称为开间尺寸,竖向定位轴线之间的尺寸称为进深尺寸。 （　　）

4）填空题

（1）建筑平面图是经建筑物的_____位置_____（水平还是竖直）剖切后绘制的_____投影图,简称平面图。

（2）建筑平面图表达了房屋的_____形状,房间布置,内外_____联系,以及_____、柱、_____等构配件的位置、_____、材料和做法等内容,是建筑施工图的主要图样之一。

（3）平面图用_____、_____、_____的比例绘制,实际工程中常用_____的比例绘制。

（4）当房屋中间2～6层的平面布局、构造情况完全一致时,则可用一个平面图来表达相同布局的若干层,可命名为_____层平面图。朝向用_____表示,一般绘制在一层平面图中。

（5）建筑平面图中,字母"M"表示_____的代号。

（6）建筑平面图的外部尺寸有3道,其中第二道尺寸为各定位轴线间的尺寸,表示房间的_____与_____尺寸。

3.2.3 技能训练

班级_____姓名_____学号_____自评_____互评_____师评_____

1）识图题

（识读本手册附图2某厂房的各层建筑平面图,完成识图报告。）

（1）从一层平面图可知,该图绘图比例为_____,建筑物总长为_____mm,总宽为_____mm,主入口位于建筑物的_____侧（北还是南?）,西北侧入口处门的高度为_____mm,宽度为_____mm,东北侧入口处门的高度为_____mm,宽度为_____mm,男卫生间门的高度为_____mm,宽度为_____mm,女卫生间门的高度为_____mm,宽度为_____mm,女卫生间窗的高度为_____mm,宽度为_____mm,1号楼梯间开间为_____mm,进深为_____mm,2号楼梯处窗的高度为_____mm,宽度为_____mm,室内标高为_____m,室外标高为_____m,电梯间入口处坡道的做法为_____,电梯间门洞的尺寸为_____。

（2）从二层平面图可知,该层的建筑标高为_____m,楼梯间采用_____级防火门,该防火门高度为_____mm,宽度为_____mm,北侧雨篷板底建筑标高为_____m,排水坡度为_____,采用_____雨水管,雨篷长为_____mm,宽为_____mm,男卫生间开间为_____mm,进深为_____mm,女卫生间开间为_____mm,进深为_____mm。

（3）从屋面、电梯机房层平面图可知,该屋面的排水坡度为_____,檐沟内纵向排水坡度为_____,檐沟净宽为_____mm,屋脊标高为_____m,电梯顶部标高为_____m,电梯机房窗的高度为_____mm,宽度为_____mm,电梯机房采用_____级防火门,该防火门高度为_____mm,宽度为_____mm。

2）绘图题

（用A3图纸抄绘教材附图中的建筑平面图。）

任务3.3　识读建筑立面图

子任务　识读和抄绘建筑立面图

3.3.1　任务书与指导书

1)目的

(1)能正确识读建筑立面图。

(2)能按《房屋建筑制图统一标准》(GB/T 50001—2010)要求抄绘建筑立面图。

2)内容与要求

【内容】识读教材附录及本手册附图2某厂房各建筑立面图,完成识图报告;抄绘教材附录××商住楼建筑立面图。

【要求】独立完成A3图纸。线型正确,符合《房屋建筑制图统一标准》(GB/T 50001—2010)要求;线宽合理,分清粗、中、细。布图合理,选用的绘图比例符合要求;标题栏内容齐全。绘图比例:平面图1:100。

3)应交成果

(1)识图报告。

(2)A3图纸:建筑立面图。

4)时间要求

课内+课后完成。

5)指导

(1)常用比例1:200、1:100、1:50,根据A3图纸及绘图内容选择合理比例。考虑尺寸标注与文字注写位置,按图面大小布置好图面。

注:①打底稿可用H铅笔绘出轻、淡、细的底稿线,铅笔削面锥形。

②加深图线(用B或HB加深,铅笔削成扁形,各类图线粗细一致)。

③标注尺寸时数字大小应一致。

(2)绘制建筑立面图参考步骤

立面图的画法和步骤与建筑平面图基本相同,同样先选定比例和图幅,经过画底图和加深两个步骤。

第一步:画室外地坪线、建筑外轮廓线。

第二步:画各层门窗洞口线。

第三步:画墙面细部,如阳台、窗台、楣线、门窗细部分格、壁柱、室外台阶、花池等。

第四步:检查无误后,按立面图的线型要求进行图线加深。

第五步:标注标高、首尾轴线,书写墙面装修文字、图名、比例等,说明文字一般用5号字,图名用10号字。

注:加深图线要求

①建筑物外轮廓和较大转折处轮廓的投影用粗实线表示。

②外墙上凸、凹部位如壁柱、窗台、楣线、挑檐、门窗洞口等的投影用中粗实线表示。

③门窗的细部分格以及外墙上的装饰线用细实线表示。

④室外地坪线用加粗实线(1.4b)表示。

3.3.2 理论自测

班级_____ 姓名_____ 学号_____ 自评_____ 互评_____ 师评_____

1) 单项选择题

(1) 建筑物立面图是平行于建筑物各方向外表立面的( )。

　　A. 剖面图　　　　B. 正投影图　　　　C. 断面图　　　　D. 轴测图

(2) 在建筑立面图中,室外地平线采用( )绘制。

　　A. 加粗实线　　　B. 粗实线　　　　C. 中实线　　　　D. 细线

(3) 在建筑立面图中,主要外墙轮廓线采用( )绘制。

　　A. 加粗实线　　　B. 粗实线　　　　C. 中实线　　　　D. 细线

(4) 在建筑立面图中,门窗洞口线采用( )绘制。

　　A. 加粗实线　　　B. 粗实线　　　　C. 中实线　　　　D. 细线

(5) 在建筑立面图中,外墙分隔线采用( )绘制。

　　A. 加粗实线　　　B. 粗实线　　　　C. 中实线　　　　D. 细线

(6) 在建筑立面图中,不能直接表达的内容是( )。

　　A. 窗洞宽度　　　B. 层高　　　　C. 总高　　　　D. 墙面装饰

(7) 外墙装饰材料和做法一般在( )上表示。

　　A. 首页图　　　　B. 平面图　　　　C. 立面图　　　　D. 剖面图

(8) 建筑立面图不能用( )进行命名。

　　A. 建筑立面主次　　　　　　　　B. 建筑朝向

　　C. 建筑首尾定位轴线　　　　　　D. 建筑外貌特征

(9) 若想了解建筑的外貌、外墙面的装饰情况以及屋顶、台阶、雨篷、阳台、挑檐、外窗台、雨水管等的位置,可看( )。

　　A. 建筑平面图　　　　　　　　　B. 建筑剖面图

　　C. 建筑立面图　　　　　　　　　D. 结构施工图

(10) 若一栋建筑物横向定位轴线从左到右的编号为①~⑩,竖直方向定位轴线为Ⓐ—Ⓔ,朝向是坐北朝南,则立面图Ⓔ—Ⓐ轴应为( )。

　　A. 西立面图　　B. 东立面图　　　C. 南立面图　　　D. 北立面图

(11) 下列立面图的图名中错误的是( )。

　　A. ①—Ⓐ立面图　B. 南立面图　　C. 正立面图　　D. Ⓐ—Ⓕ立面图

(12) 在建筑立面图中,所用的线型宽度共有( )种。

　　A. 2 种　　　　B. 3 种　　　　C. 4 种　　　　D. 5 种

(13) 以下( )不属于建筑立面图图示的内容。

　　A. 外墙各主要部位标高　　　　B. 详图索引符号

　　C. 建筑物两端定位轴线　　　　D. 散水详细构造做法

(14) ( )是表示建筑物外观的图纸,用来表示建筑物的正立面、背立面及侧立面的形状、尺寸、标高及用料做法等。

　　A. 总平面图　　　　　　　　　B. 建筑平面图

　　C. 建筑立面图　　　　　　　　D. 建筑剖面图

(15) 建筑立面图的命名方法不包括( )。

　　A. 按建筑物材料　　　　　　　B. 按轴线编号

　　C. 按房屋朝向　　　　　　　　D. 按建筑物主要出入口

(16) 把立面图称为南立面图、北立面图、西立面图和东立面图是根据( )命名的。

　　A. 以层数命名　　　　　　　　B. 以朝向命名

　　C. 以定位轴线的编号命名　　　D. 以房屋立面的主次命名

(17) 从( )中可了解到房屋立面上建筑装饰的材料和颜色、屋顶的构造形式、房屋的分层和高度、屋檐的形式以及室内外地面的高差等。

　　A. 剖面图　　　　　　　　　　B. 立面图

　　C. 立面图和剖面图　　　　　　D. 平面图

(18) 把立面图称为正立面图、左侧立面图和右侧立面图是( )命名的。

　　A. 以房屋立面的主次　　　　　B. 以朝向

　　C. 以定位轴线的编号　　　　　D. 以层数

2) 多项选择题

(1) 建筑立面图的命名方式有( )。

　　A. 以建筑物朝向命名　　　　　B. 以建筑物门、窗命名

　　C. 以建筑物首尾轴线命名　　　D. 以建筑物立面的颜色命名

　　E. 以建筑物立面的主次(即主要出入口及装修面)命名

(2) 建施图立面图中,表示门窗的开启方向线可以是( )。

　　A. 细实线　　　　B. 细虚线　　　　C. 点画线

　　D. 双点画线　　　E. 波浪线

(3) 建筑立面图要标注( )等内容。

　　A. 必要的详图索引符号　　　　B. 入口大门的高度和宽度

　　C. 外墙各主要部位的标高　　　D. 建筑物两端的定位轴线及其编号

　　E. 文字说明外墙面装修的材料及其做法

(4) 立面图中的标高尺寸通常应标出( )、勒脚、大门口等处标高。

　　A. 室内外地坪　　B. 窗口　　　　C. 檐口

　　D. 柱高　　　　E. 楼板结构层

3) 判断题

(1) 建筑立面图中需要标注出门窗洞口的宽度尺寸。　　　　　　　　( )

(2) 建筑立面图中需要用文字说明标注出外墙装修做法。　　　　　　( )

(3) 若某建筑①—⑨立面图为南立面图,则⑨—①立面图就是北立面图。　( )

(4) 立面图中室外地坪用粗实线表示。　　　　　　　　　　　　　　( )

(5) 立面图中外墙面分格线和门窗扇分格线均用细实线表示。　　　　( )

(6) 立面图中只需要标注出首尾两根定位轴线的编号。　　　　　　　( )

4)填空题

(1)建筑立面图是在与房屋_____相平行的投影面上所做的正投影图,简称_____图。

(2)建筑立面图的命名方法有:按_____命名、按_____命名或按_____命名。

(3)在建筑立面图中,室外地平线采用_____绘制。

(4)把立面图称为南立面图、北立面图、西立面图和东立面图是根据_____命名的;把立面图称为正立面图、左侧立面图和右侧立面图是根据_____命名的。

(5)立面图着重于_____方向的标注,除必要的尺寸用尺寸、数字等表示外,宜用_____形式标注室内外地坪、_____、阳台、平台、窗台、门窗顶、_____、女儿墙及其他装饰构造的_____。

3.3.3 技能训练

班级_____ 姓名_____ 学号_____ 自评_____ 互评_____ 师评_____

1)识图题

(根据本手册附图2 某厂房建筑立面图建施07~建施09,完成识图报告。)

(1)本建筑最高处屋顶标高为_____。

(2)根据不同的命名方式,该图中①—⑪轴立面图也可命名为_____或者_____,Ⓐ—①轴立面图也可命名为_____或者_____。

(3)对照⑪—①轴立面图可知,该建筑物北侧室外地坪标高为_____,室内外高差为_____。

(4)外墙勒脚高_____,做法为_____。

(5)外墙装饰具体做法有_____种,南立面外墙装饰具体做法是_____。

(6)一层 C1 窗台高度为_____,LTC0912 窗台高度为_____,二层 C2 窗台高度为_____,LTC0912 窗台高度为_____。

(7)底层层高为_____,二层层高为_____,顶层层高为_____。

(8)C1 高度为_____,宽度为_____,C2 高度为_____,宽度为_____。

LTC2118 高度为_____, 宽度为_____, 位于_____房间_____侧。

LTC0912 高度为_____, 宽度为_____, 位于_____房间_____侧。

LTC0918 高度为_____, 宽度为_____, 位于_____房间_____侧。

LTC1218 高度为_____, 宽度为_____, 位于_____房间_____侧。

M1221 高度为_____, 宽度为_____, 位于_____房间_____侧。

M1521 高度为_____, 宽度为_____, 位于_____房间_____侧。

电梯入口处门洞的尺寸为_____。

2)绘图题

(用 A3 图纸抄绘教材附图中的立面图。)

任务 3.4　识读建筑剖面图

子任务　识读和抄绘建筑剖面图

3.4.1　任务书与指导书

1)目的

(1)能理解建筑剖面图的形成。

(2)能正确识读建筑剖面图。

(3)能按剖面图的绘图步骤抄绘建筑剖面图。

2)内容与要求

【内容】识读教材附录及本手册附图2某厂房各建筑剖面图,完成识图报告;抄绘教材附录××商住楼建筑剖面图。

【要求】

(1)完成剖面图抄绘,布图合理、图线加粗加深、线型正确,符合《房屋建筑制图统一标准》(GB/T 50001—2010)要求;线宽合理,分清粗、中、细。布图合理,选用的绘图比例符合要求;标题栏内容齐全。

(2)读懂图纸,理解图示内容,按剖面图绘图步骤绘图。

(3)绘图比例:1:100 或 1:50。

3)应交成果

(1)识图报告。

(2)A3 图纸:建筑剖面图。

4)时间要求

课内＋课后完成。

5)指导

(1)常用比例为 1:200、1:100、1:50,根据 A3 图纸及绘图内容选择合理比例。考虑尺寸标注与文字注写位置,按图面大小布置好图面。

注:打底稿、加深图线、标注尺寸等不同阶段铅笔的选用与建筑平面图、立面图的绘制相同。

(2)绘制建筑剖面图参考步骤

剖面图的画法和步骤与建筑平面图基本相同,同样先选定比例和图幅,须经过画底图和加深两个步骤。

①画出剖切到的墙体或柱子、梁的定位轴线和各层楼面线作为定位线。

②绘制剖面墙体、楼板线和屋顶。

③绘制剖面门窗。

④绘制可见墙体轮廓、门窗立面和其他可见构件。

⑤按剖面图图示方法加深底稿。

⑥标注尺寸、标高和定位轴线等。

⑦注写标高、图名、比例及有关文字说明。

注:加深图线要求

①被剖到的室外地坪线用加粗实线(1.4b)表示。

②被剖切到的墙、梁、板等轮廓用粗实线表示,钢筋混凝土梁、板等断面可涂黑表示。

③没有被剖切但可见的部分用中实线或细实线表示。

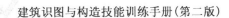

3.4.2 理论自测

班级_____姓名_____学号_____自评_____互评_____师评_____

1)单项选择题

(1)假想用一个或一个以上的铅垂平面剖切房屋,所得到的剖面图称为( )。

    A.底层平面图   B.标准层平面图

    C.顶层平面图   D.建筑剖面图

(2)建施剖面图所对应的剖切符号应标注在( )。

    A.底层平面图中   B.二层平面图中

    C.顶层平面图中   D.中间层平面图中

(3)建筑物的层高是指( )。

    A.相邻上下两层楼面间高差   B.相邻两层楼面高差减去楼板厚

    C.室内地坪减去室外地坪高差   D.室外地坪到屋顶的高度

(4)建筑物的层高可以在( )中直接体现出来。

    A.建筑平面图   B.建筑剖面图

    C.建筑总平面图   D.建筑详图

(5)有一窗洞口,洞口的下标高为0.900m,上标高为2.700m,则洞口高为( )m。

    A.2.700   B.1.900   C.3.500   D.1.800

(6)建筑剖面图一般不需要标注( )等内容。

    A.门窗洞口高度   B.层间高度

    C.楼板与梁的断面高度   D.建筑总高度

(7)建筑平面图、立面图和剖面图的绘图比例应该( )。

    A.相同   B.不同

    C.可以选择1∶25   D.可以选择1∶1000

(8)( )是表示房屋内部空间的高度关系及构造做法等的图纸。

    A.总平面图   B.建筑平面图

    C.建筑立面图   D.建筑剖面图

(9)建筑剖视图的剖切位置一般选取在( )。

    A.无固定位置

    B.内部结构和构造比较复杂或有代表性的部位

    C.沿横向定位轴线

    D.沿竖向定位轴线

(10)多层住宅建筑剖面图的剖切位置选择,一般应经过( )。

    A.卫生间   B.厨房   C.起居室   D.楼梯间

(11)下列选项中,不是建筑剖面图所表达的内容的是( )。

    A.各层梁板、楼梯、屋面的结构形式、位置

    B.楼面、阳台、楼梯平台的标高

    C.外墙表面装修的做法

    D.门窗洞口、窗间墙等的高度尺寸

2)多项选择题

(1)建筑剖面图的剖切位置通常应选择在( )等处。

    A.卫生间   B.楼梯间   C.厨房间

    D.门窗洞口   E.无高差处

(2)建筑剖面图的剖切位置应选择在能显露出房屋内部结构和构造比较复杂、( )的部位,并应通过门窗洞口的位置。若为多层房屋应选择在楼梯间和主要入口。

    A.有变化   B.有代表性   C.有楼板

    D.有柱子   E.有墙体

3)判断题

(1)建筑剖面图一般应标注出建筑物被剖切到外墙的三道尺寸,即房屋的总高、层高、细部高度。   ( )

(2)建筑剖面图的图名应该对照底层平面图中的剖切符号。   ( )

(3)建筑剖面图剖切到的墙体与没有剖切到的墙体均需要绘制出定位轴线。   ( )

(4)建筑剖面图剖切到的墙体轮廓线用粗实线表示,没有剖切到的可见墙体轮廓用细实线表示。   ( )

4)填空题

(1)假想用一个或一个以上的_____平面剖切房屋,所得到的图称为_____。

(2)建施剖面图所对应的剖切符号应标注在_____图中。

(3)多层住宅建筑剖面图的剖切位置选择,一般应经过构造_____和_____部位。

(4)有一窗洞口,洞口的下标高为0.900m,上标高为2.700m,则洞口高为_____mm。

3.4.3　技能训练

班级_____姓名_____学号_____自评_____互评_____师评_____

1) 识图题

(识读本手册附图2某厂房建筑剖面图,完成识图报告。)

该图图名为_____,绘图比例为_____。从图名和平面图对照可知,该图剖切符号位于_____平面图_____轴和_____轴之间,剖切后向_____(左或右)投影。剖切到的建筑构件有_____、_____、_____轴墙体、_____、各层楼板和屋顶等。室外地坪标高为_____m。图中剖切到的墙体断面轮廓应用_____线绘制,涂黑部分为_____材料的结构。结合各层平面图,该剖面图中可见的门的编号分别为_____、_____。

2) 绘图题

(用A3图纸抄绘教材附图中的建筑剖面图。)

任务 3.5　识读建筑详图

子任务　1. 识读抄绘外墙节点详图

　　　　2. 识读楼梯详图

3.5.1　任务书与指导书

1) 目的

(1) 明确常见建筑详图组成。

(2) 能正确识读建筑外墙节点详图。

(3) 能理解常见建筑楼梯详图组成。

(4) 能正确识读建筑楼梯构造详图。

2) 内容与要求

【内容】 识读并抄绘墙身大样图;识读楼梯详图,完成识图报告。

【要求】

(1) 根据教材附图及本手册附图2某厂房建筑外墙节点详图,读图理解图示内容,按详图绘图步骤绘图。完成墙身大样图的抄绘。布图合理、图线加粗加深、线型正确,符合《房屋建筑制图统一标准》(GB/T 50001—2010)要求;线宽合理,分清粗、中、细。布图合理,选用的绘图比例符合要求;标题栏内容齐全。绘图比例:1:20。

(2) 识读教材附图及本手册附图2某厂房楼梯详图,完成识图报告。

3) 应交成果

(1) 识图报告。

(2) A3图纸:墙身节点详图。

4) 时间要求

课内＋课后完成。

5) 指导

(1) 识读和抄绘墙身大样图

首先,识读墙身大样图,理解图示内容;然后再进行绘制。

抄绘墙身大样图一般步骤:选定比例(1:25或者1:50)、布图——绘制定位轴线——绘制室内外地面、楼面、屋面线细实线──然后画出墙身厚度线──绘制楼底层构造层次线──墙身面层线──绘制材料图例──加深图线(分粗细线)──标注尺寸──注写文字说明──写出图名、比例。

(2)识读楼梯详图

首先,复习巩固楼梯详图组成与形成的基本知识;然后进行识图。

识图一般步骤:读图名比例──楼梯形式类型──开间和进深──楼梯间中的门窗洞口位置及尺寸──楼梯段宽度──楼梯井宽──墙厚──楼梯平台宽度和标高──踢段水平投影长──楼梯踏面宽──踏面数量──楼梯踢面高──踢面数──楼梯栏杆高度──栏杆安装方式──扶手尺寸──踏步详细尺寸。

3.5.2 理 论 自 测

班级＿＿＿＿ 姓名＿＿＿＿ 学号＿＿＿＿ 自评＿＿＿＿ 互评＿＿＿＿ 师评＿＿＿＿

1)单项选择题

(1)(   )是建筑施工图的重要组成部分,它详细地表示出所画部位的构造形状、大小尺寸、使用材料和施工方法等。

    A. 建筑平面图   B. 建筑详图

    C. 建筑立面图   D. 建筑剖面图

(2)详图中,为表达屋面、楼面、地面的构造层次,采用(   )方法表示。

    A. 仅用材料图例表示   B. 不同颜色说明

    C. 材料图例＋多层构造的文字说明   D. 以上方法都不行

(3)详图索引符号圆内横线下方的数字表示(   )。

    A. 详图所在的定位轴线编号   B. 详图的编号

    C. 详图所在的图纸编号   D. 被索引的图纸的编号

(4)从(   )可知基本图与详图的关系。

    A. 剖切符号   B. 图名   C. 索引符号   D. 对称符号

(5)详图索引符号圆内横线上方的数字表示(   )。

    A. 详图所在的定位轴线编号   B. 详图的编号

    C. 详图所在的图纸编号   D. 被索引的图纸的编号

(6)以下(   )比例适用于详图。

    A. 1∶10   B. 1∶100   C. 1∶200   D. 1∶500

(7)楼梯平面图与剖面图常用的比例是(   )。

    A. 1∶10   B. 1∶50   C. 1∶100   D. 1∶200

(8)楼梯的踏步数与踏面数的关系是(   )。

    A. 踏步数 ＝踏面数   B. 踏步数 －1 ＝踏面数

    C. 踏步数 ＋1 ＝踏面数   D. 踏步数 ＋2 ＝踏面数

(9)楼梯梯段的水平投影长度是以 11×300 ＝3300 形式表示的,其中 11 表示的是(   )。

    A. 踏步数   B. 步级数   C. 踏面数   D. 踏面宽

(10)用轴线编号表明楼梯间的位置,注明楼梯间的长、宽尺寸和墙的厚度,楼梯跑数,每跑的宽度及踏步数,踏步宽度、休息平台板的宽度和标高等的图是(   )。

    A. 楼梯剖面图   B. 剖面图   C. 楼梯平面图   D. 立面图

(11)在楼梯平面图中,楼梯梯段水平投影的长度尺寸标注形式为(   )。

    A. 踏面数×踏面宽   B. 踏面数×踏面宽 ＝梯段水平投影长度

    C. 步级数×踏面宽   D. 步级数×踏面宽 ＝梯段水平投影长度

(12)楼梯平面图中标明的"上"或"下"的长箭头以哪为起点(   )。

    A. 都以室内首层地坪为起点   B. 都以室外地坪为起点

C. 都以该层楼地面为起点　　　　　　　D. 都以该层休息平台为起点

(13)楼梯剖面图中两平台间高度是以 12×50＝1800 形式表示的,其中 12 表示的是(　　)。

A. 踏步数　　　　　B. 步级数　　　　　C. 踏面数　　　　　D. 踏面宽

(14)已知卫生间与客厅的高差为30mm,而在二层平面图中,客厅标高为3.800m,卫生间标高应标注为(　　)m。

A.3.800　　　　　B.3.500　　　　　C.3.770　　　　　D.－0.030

2) 多项选择题

(1)建筑工程图中,详图的比例常采用(　　)、1:25、1:30。

A.1:5　　　　　B.1:10　　　　　C.1:7

D.1:8　　　　　E.1:20

(2)墙身详图要表明(　　)。

A. 墙身的材料、做法、尺寸　　　　　　B. 梁、板等构件的位置

C. 大梁的配筋　　　　　　　　　　　　D. 构件表面的装饰

E. 墙身定位轴线

(3)建筑施工图的楼梯详图一般由(　　)等详图组成。

A. 楼梯平面图　　　　　　　　　　　　B. 楼梯剖面图

C. 折板配筋图　　　　　　　　　　　　D. 楼梯梁详图

E. 楼梯节点详图

3) 判断题

(1)建筑详图是建筑细部的施工图。　　　　　　　　　　　　　　　　　　　(　　)

(2)墙身详图主要表明墙身的材料、做法、尺寸。　　　　　　　　　　　　　(　　)

(3)楼梯详图由楼梯平面图、楼梯剖面图和楼梯节点详图组成。　　　　　　　(　　)

(4)楼梯详图中楼梯扶手高度是指楼梯踏面至扶手中心的距离。　　　　　　　(　　)

(5)楼梯平面图中可以直接读出梯段的踏步数。　　　　　　　　　　　　　　(　　)

4) 填空题

(1)建筑详图包括_____详图、_____详图、卫生间详图、门窗详图、_____详图、雨篷详图等。

(2)详图的特点是_____大、图示详尽、_____齐全。

(3)墙身节点一般可用一个_____图表达,楼梯详图宜用每层的楼梯_____图和楼梯_____图及若干节点详图表达。

(4)楼梯平面图与剖面图常用的比例是_____。

(5)楼梯梯段的水平投影长度是以 12×300＝3600 形式表示的,其中 12 表示的是_____为12;300 表示的是_____为300mm。

班级_____姓名_____学号_____自评_____互评_____师评_____

1) 识图题

(识读手册附图2 某厂房各建筑详图,结合建施10 识读建施09 中的楼梯、电梯、机房屋面平面图,完成识图报告。)

(1)电梯、机房屋面标高是_____m ,排水坡度是_____,设置的水箱是_____和_____。雨水管的直径是_____mm,材料是_____。

(2)图中檐沟处索引符号_____的直径应为_____mm ,投射方向是_____(左还是右),表示檐沟的详图在第_____张图纸中的第_____号详图。从详图可知,该屋面从下往上的构造做法是_____。

(3)从建施10 中的第8 号详图可知,泛水中水泥钉的间距是_____mm,泛水的凹槽宽是_____mm,高是_____mm,凹槽外用_____嵌固。檐沟的净宽是_____mm。

2) 识图题

(识读手册附图2 某厂房各建筑详图,识读建施09 中的卫生间平面布置图,完成识图报告。)

该卫生间的开间是_____mm,进深是_____mm 卫生间的排水坡度是_____,隔断厚度是_____mm,小便器之间的间距是_____mm,与 B 号轴最近的小便器间距是_____mm,卫生间的平开门宽是_____mm,高是_____mm。

3) 识图题

(识读手册附图2 某厂房各建筑详图,识读建施10,完成识图报告。)

(1)该图中 1 号详图表示_____部位详图,坡度是_____,宽度是_____mm,比室外地坪高出_____mm,其每层做法从上到下分别是_____。

(2)该图中 2 号详图表示_____部位详图,坡度是_____,长是_____mm,高是_____mm,其每层做法从上到下分别是_____。

(3)该图中 3 号详图比例是_____表示_____部位详图,排水找坡的坡度是_____,板底标高是_____m,伸出外墙_____mm,其每层做法从上到下分别是_____。

(4)该图中 6 号详图是_____分隔缝构造详图,10 号详图是_____分隔缝构造详图,从两图中可见,缝底宽是_____mm,缝顶宽是_____mm,用的背衬材料是_____,做_____刚性防水层_____mm。10 号详图中防水卷材伸出顶端缝边_____mm。

4) 识图题

(识读手册附图2 某厂房各建筑详图,识读建施11～建施13,完成识图报告。)

(1)建施 11 为_____的详图,包含了_____个平面图和_____个剖面图。从底层开始,楼梯上行第一梯段有_____步,踏步高为_____mm;上行第二梯段有_____步,踏步高为_____mm;上行第三梯段有_____步,踏步高_____mm;上行第四梯段有_____步,踏步高为_____mm。楼梯的每个踏步宽均为_____mm。一至二层间的第一个楼梯平台宽为_____mm,标高为_____m。一至二层间的第二个楼梯平台宽为_____mm,标高为_____m。二层平台宽为_____mm,标高为_____m。二至三层间的楼梯平台宽为_____mm,标高为_____m。三层平台宽为_____mm,标高为_____m。楼梯间的窗台高是_____mm,窗高是_____mm,楼梯梯段栏杆的高度是_____mm,楼梯平台水平段栏杆的高度是_____mm。

(2)识读建施 13 可知楼梯扶手的高是_____mm,宽是_____mm,材料是_____。方钢均为_____焊接,防锈漆刷_____,_____罩面。

5)绘图题

(用 A3 图纸抄绘教材附录或手册附图 2 某厂房的外墙身详图。)

项目4 结构施工图识图

任务 4.1 识读结构设计总说明

4.1.1 任务书与指导书

1）目的

（1）能基本读懂结构施工图设计总说明包含的内容。

（2）能查阅相关构造图集。

2）内容与要求

【内容】阅读教材附录及本手册附图 2 某厂房结构施工图的目录与结构设计总说明。

【要求】独立完成"任务 4.1 识读结构设计总说明"的识图报告内容。

3）应交成果

"任务 4.1 识读结构设计总说明"识图报告。

4）时间要求

课内完成。

5）指导

（1）认真识读教材附录及本手册附图 2 某厂房的结构施工图的目录与结构设计总说明。

（2）阅读结构施工图目录,明确结构施工图数量、类型、各图的张数等。

（3）结构设计总说明一般说明新建建筑的结构类型、耐久年限、地震设防烈度、地基状况、材料强度等级、选用的标准图集、新结构与新工艺及特殊部位的施工顺序、方法及质量验收标准。阅读后记忆相关要点。

4.1.2 理论自测

班级_____ 姓名_____ 学号_____ 自评_____ 互评_____ 师评_____

1）单项选择题

（1）全部用钢筋混凝土构件承重的结构为（ ）。

　　A. 混合结构 　　　　　　　　　　B. 钢结构

　　C. 钢筋混凝土结构 　　　　　　　D. 木结构

（2）下列属于结构施工图的是（ ）。

　　A. 基础平面图 　　　　　　　　　B. 建筑总平面图

　　C. 建筑立面图 　　　　　　　　　D. 采暖通风图

（3）钢筋工程施工中关键要看懂（ ）。

　　A. 总平面图 　　　　　　　　　　B. 土建施工图

　　C. 结构施工图 　　　　　　　　　D. 土建施工图与结构施工图

（4）钢筋混凝土构件中的钢筋保护层是指（ ）。

　　A. 钢筋的内皮至构件表面 　　　　B. 钢筋的中心至构件表面

　　C. 钢筋的外皮至构件表面 　　　　D. 钢筋的内皮至构件内皮

（5）钢筋抵抗变形的能力称为（ ）。

　　A. 强度 　　　B. 刚度 　　　C. 可塑性 　　　D. 抗冲击能力

（6）梁的保护层最小厚度为（ ）mm。

　　A. 25 　　　B. 15 　　　C. 30 　　　D. 20

（7）根据钢筋混凝土结构设计规定,柱的保护层最小厚度为（ ）mm。

　　A. 10 　　　B. 20 　　　C. 25 　　　D. 30

（8）厚度大于 100mm 的墙板,保护层厚度为（ ）。

　　A. 30mm 　　　B. 25mm 　　　C. 20mm 　　　D. 15mm

（9）钢筋代号"φ"表示（ ）钢筋。

　　A. HPB235 　　　B. HPB300 　　　C. HRB335 　　　D. RRB400

（10）结构施工图中,"M"代表（ ）。

　　A. 预埋件 　　　B. 墙 　　　C. 梁 　　　D. 门

（11）悬挑构件的主筋布置在构件的（ ）。

　　A. 下部 　　　B. 上部 　　　C. 中部 　　　D. 没有规定

（12）在结构施工中,"L"代表（ ）。

　　A. 板 　　　B. 柱 　　　C. 梁 　　　D. 墙

（13）在钢筋混凝土构件代号中,"JL"表示（ ）。

　　A. 圈梁 　　　B. 过梁 　　　C. 连系梁 　　　D. 基础梁

（14）钢筋混凝土现浇板中的受力钢筋需要标注它的直径和（ ）。

　　A. 根数 　　　B. 间距 　　　C. 半径 　　　D. 重量

(15)结施中@是钢筋的间距代号,其含义是(   )。

    A. 钢筋相等中心距离   B. 钢筋的外皮至外皮

    C. 钢筋的内皮至内皮   D. 钢筋的外皮至内皮

2)多项选择题

(1)以下属于常见的钢筋混凝土承重构件的是(   )。

    A. 楼梯   B. 门窗   C. 基础

    D. 框架梁   E. 框架柱

(2)结构施工图的组成有(   )等。

    A. 基础平面图   B. 屋顶平面图   C. 楼层结构平面图

    D. 构件详图   E. 立面图

(3)下列(   )属于结构施工图的内容。

    A. 建筑设计总说明   B. 基础平面布置图   C. 基础详图

    D. 门窗详图   E. 梁配筋图

(4)下列构件代号的书写格式正确的有(   )。

    A. KL 框架梁   B. GZ 构造柱   C. TB 楼梯板

    D. LB 楼板   E. M 门

(5)钢筋标注"15φ8 @ 200"中,下列解释正确的有(   )。

    A. 15 表示箍筋根数(15 根)   B. φ 是钢筋种类代号

    C. 8 表示钢筋直径(8 mm)   D. @ 表示相等中心距符号

    E. 200 表示钢筋的长度

3)判断题

(1)JCL 是表示基础承台的意思。   (　　)

(2)2φ14 表示两根直径为 14mm 的钢筋。   (　　)

(3)楼梯梁的常用构件代号为 LTL。   (　　)

(4)钢筋的保护层是指钢筋的中心至构件表面的距离。   (　　)

(5)@是钢筋相等中心距的代号。   (　　)

4.1.3 技 能 训 练

班级＿＿＿＿＿　姓名＿＿＿＿＿　学号＿＿＿＿＿　自评＿＿＿＿＿　互评＿＿＿＿＿　师评＿＿＿＿＿

识读本手册附图 2 某厂房的图纸目录与结构设计总说明,回答下列问题。

(1)从图纸目录看,本工程(某厂房)共有图纸＿＿＿＿＿张,其中结施 08 为＿＿＿＿＿图。

(2)该建筑结构形式为＿＿＿＿＿,基础类型为柱下＿＿＿＿＿,建筑结构安全等级为＿＿＿＿＿级,该建筑物设计使用年限为＿＿＿＿＿年,有否进行抗震设计＿＿＿＿＿(有或无)。

(3)该建筑结构设计的设计依据之一是＿＿＿＿＿。

(4)本工程钢筋混凝土构造中,主筋的混凝土保护层厚度:基础地梁为＿＿＿＿＿mm,若有防水要求时应改为＿＿＿＿＿mm。

(5)本工程钢筋混凝土构造中,钢筋的接头与形式:框架梁、框架柱主筋采用＿＿＿＿＿连接接头。其余构件当受力钢筋直径≥22mm,应采用＿＿＿＿＿连接接头,受力钢筋直径＜22mm,可采用＿＿＿＿＿接头。

(6)本工程钢筋混凝土构造的现浇钢筋混凝土板:板的底部钢筋伸入支座长度应不小于＿＿＿＿＿,且应伸入到＿＿＿＿＿中心线。双向板的底部钢筋,短跨钢筋置于＿＿＿＿＿排,长跨钢筋置于＿＿＿＿＿排;当板底与梁底平时,板的下部钢筋伸入＿＿＿＿＿内须弯折后置于梁的下部纵向钢筋＿＿＿＿＿。对短向跨度≥3.6m 的板,其模板应起拱,起拱高度为跨度的＿＿＿＿＿%;对短向跨度≥3.6m 的板,其四周应设＿＿＿＿＿根＿＿＿＿＿放射筋,长度取该板对角线长度的＿＿＿＿＿,以防止板四角发生＿＿＿＿＿裂缝。

(7)本工程钢筋混凝土构造中的现浇钢筋混凝土梁:梁内箍筋除单肢箍外,其余采用＿＿＿＿＿形式,并做成＿＿＿＿＿。梁内的第一根箍筋距柱边或梁边＿＿＿＿＿mm 起。当主次梁高度相同时,次梁的下部纵向钢筋应置于＿＿＿＿＿下部纵向钢筋＿＿＿＿＿。当梁跨大于或等于 4m 时,模板按跨度的＿＿＿＿＿%起拱。

(8)本工程钢筋混凝土构造中的现浇钢筋混凝土柱:柱子箍筋,除拉结钢筋外均采用＿＿＿＿＿形式,并做成＿＿＿＿＿°弯钩,直钩长度为＿＿＿＿＿。

任务 4.2 识读钢筋混凝土构件详图

4.2.1 任务书与指导书

1) 目的

能识读钢筋混凝土构件详图:能读懂梁配筋图;能读懂板配筋图;能读懂柱配筋图。

2) 内容与要求

(1) 识读钢筋混凝土梁详图

【内容】能正确识读钢筋混凝土梁详图,完成识图报告;按《建筑结构制图标准》(GB/T 50105—2010)等相关要求,完成梁断面图绘制。

①识读给定的钢筋混凝土梁详图,明确梁内各钢筋的名称、作用及详细的配筋情况。

②据给定的钢筋混凝土梁相关条件,绘制钢筋混凝土梁详图。

【要求】独立完成识图报告;独立完成梁断面图绘制,直接在给定位置绘制,线型正确,符合国标要求;线宽合理,分清粗、中、细。布图合理,绘图比例为 1:20。

(2) 识读钢筋混凝土板详图

【内容】能正确识读钢筋混凝土板详图,完成识图报告。

【要求】独立完成钢筋混凝土板详图识图报告。

(3) 识读钢筋混凝土柱详图

【内容】能正确识读钢筋混凝土柱详图,完成识图报告。

【要求】独立完成钢筋混凝土柱详图识图报告。

3) 应交成果

识图报告:识读钢筋混凝土构件详图识图报告,包含某钢筋混凝土梁配筋图。

4) 时间要求

课内完成。

5) 指导

(1) 认真阅读钢筋混凝土各构件详图,明确详图中各钢筋的名称、作用及详细的配筋情况。

(2) 钢筋混凝土梁详图的识图:梁立面图、断面图与钢筋详图对照识图,明确各钢筋的编号、类型、直径。

(3) 某钢筋混凝土梁配筋图绘制:先明确题意再绘图,在明确钢筋混凝土梁内各钢筋配置的基础上绘图;绘图时可参照前一小题的梁配筋图,图样包括立面图和两个断面图,注意在立面图中合

适的位置标注断面符号,区分剖切位置处是在梁支座附近还是梁跨中,区分钢筋的变化及位置,注意在立面图中合适的位置标注断面符号,图线、标注、符号等内容要求按《建筑结构制图标准》(GB/T 50105—2010)的规定。

(4) 识读钢筋混凝土板详图:将板的平面图与 1-1 断面图对照识图,明确板内各钢筋的配置情况;注意:结合板的 1-1 断面图,在板平面图上,添加 1-1 断面图的剖切符号。

(5) 识读钢筋混凝土柱详图:所给柱为牛腿柱,仔细耐心阅读。

①该图由模板图、配筋图(立面图和断面图)、预埋件详图、钢筋表、说明组成。将各图与文字说明对照识图。

②识图时,可先看模板图,了解柱的标高与尺寸、预埋件、吊装点等的位置。

③结合钢筋表识读配筋图立面图和断面图:此柱分上柱、下柱与牛腿,分别读清各钢筋后,再综合成整个柱的钢筋配置,可将较难问题简化。

4.2.2 理论自测

班级_____ 姓名_____ 学号_____ 自评_____ 互评_____ 师评_____

1)单项选择题

(1)钢筋混凝土简支梁中的架立筋主要是(　　)。
    A.承受构件内的拉、压应力
    B.固定架内钢筋的位置,并与受力筋形成钢筋骨架
    C.承受架内剪力
    D.构造配筋

(2)不属于钢筋混凝土梁的钢筋有(　　)。
    A.受拉筋　　　　B.受压筋　　　　C.箍筋　　　　D.分布筋

(3)下列(　　)钢筋主要承受剪力或扭力作用的。
    A.受力筋　　　　B.箍筋　　　　C.架立筋　　　　D.分布筋

(4)钢筋混凝土简支梁中的断面图主要表示(　　)。
    A.受力筋的位置、箍筋的形状　　　　B.受力筋、箍筋的形状
    C.受力筋的位置和形状　　　　D.构件预埋件的位置和形状

(5)施工图中,无弯钩的钢筋搭接图例正确的是(　　)。
    A. ╲　　　　　　　　　　B. ┃━━┃
    C. ╱━━╱　　　　　　　　D. ┏━━┓

(6)为了表示构件中钢筋的配置情况,可假定混凝土为透明体。主要表示构件内部钢筋配置的图样,叫作(　　)。
    A.钢筋立面图　　B.钢筋断面图　　C.配筋图　　　　D.模板图

(7)配筋图一般由(　　)组成。
    A.立面图和断面图　　　　　　B.立面图和剖面图
    C.断面图和剖面图　　　　　　D.剖面图和模板图

(8)配筋断面图中不画材料图例,其断面轮廓线、剖到的钢筋圆断、未剖到的钢筋分别用(　　)线绘制。
    A.中实线,黑色圆点,中实线　　　　B.粗实线,黑色圆点,细实线
    C.粗实线,黑色圆点,粗实线　　　　D.细实线,黑色圆点,粗实线

(9)钢筋混凝土梁的立面图与断面图一般采用(　　)绘制。
    A.同一比例　　B.不同比例　　C.放大比例　　D.都不对

(10)绘制钢筋混凝土构件详图时,对于外形比较复杂或设有预埋件(因构件安装或与其他构件连接需要,在构件表面预埋钢板或螺栓等)的构件,还要另外画出表示构件外形和预埋件位置的图样,叫作(　　)。
    A.钢筋立面图　　　　　　　　B.钢筋断面图
    C.配筋图　　　　　　　　　　D.模板图

(11)表示构件外形和预埋件位置的图样,图中标注构件的外形尺寸和预埋件型号及定位尺寸,制作构件模板和安放预埋件依据的图是(　　)。
    A.配筋图　　　　B.预埋件详图　　　　C.模板图　　　　D.构件图

2)多项选择题

(1)钢筋混凝土构件详图的图名"L(150×300)"的解释是指(　　)。
    A.该详图是钢筋混凝梁的结构构件详图
    B.该详图是钢筋混凝土柱的结构构件详图
    C.该钢筋混凝土梁的宽为150mm
    D.该钢筋混凝土梁的高为150mm
    E.该钢筋混凝土梁的高为300mm

(2)钢筋在构件中按其所起作用的不同可分为(　　)。
    A.受力筋　　　　　　B.架立筋　　　　　　C.分布筋
    D.五金　　　　　　　E.箍筋

(3)在配筋图中,一般采用引出线方式标注的钢筋内容包括(　　)。
    A.钢筋的直径、根数　　B.相邻钢筋中心距　　C.钢筋的长度
    D.钢筋的保护层厚度　　E.钢筋的类别

(4)钢筋混凝土梁构件详图包括钢筋混凝土梁的(　　)。
    A.立面图和断面图　　　B.钢筋详图　　　　C.钢筋混凝土构件平面图
    D.钢筋表　　　　　　　E.板配筋图

(5)下面解释错误的有(　　)。
    A.箍筋用于梁柱中,主要承受剪力,或扭力作用,使之形成钢筋骨架
    B.分布筋用于板外,其方向与受力筋垂直,用于固定受力筋的位置
    C.架立筋是在梁外与受力筋、箍筋一起共同形成钢筋骨架
    D.构造筋是因构造和施工的需要在构件外设置的钢筋

(6)下列钢筋中属于梁内配筋的有(　　)。
    A.受力钢筋　　　　　　B.弯起钢筋　　　　　　C.架立钢筋
    D.箍筋、腰筋　　　　　E.分布筋

(7)下列关于钢筋混凝土板结构详图的说法正确的有(　　)。
    A.表示受力筋的形状和配置,并注明其编号、规格、直径、间距或数量等
    B.每种规格的钢筋只画一根,按其立面形状画在钢筋安放的位置上
    C.对弯筋要注明弯起点到轴线的距离,以及伸入相邻板的长度
    D.在平面图中,与受力筋垂直配置的分布筋不必画出,但要在附注中或钢筋表中说明其级别、直径、间距及长度
    E.板中钢筋数量等于构件长度减去支座尺寸再除以钢筋间距加一根

(8)下列关于钢筋混凝土柱结构详图的说法正确的有(　　)。
    A.用立面图和断面图来表示
    B.由立面图可了解受力钢筋的搭接长度
    C.由断面图可了解受力钢筋的根数
    D.立面图表达了箍筋加密区的长度

E.立面图表达了柱与梁板的关系

3)判断题

(1)构件的配筋图是主要的构件详图之一。　　　　　　　　　　　　　　　　(　　)

(2)基础墙上的防潮层应设置在地面垫层范围内。　　　　　　　　　　　　　(　　)

(3)在板的配筋平面图上要画出分布筋的布置。　　　　　　　　　　　　　　(　　)

(4)钢筋混凝土现浇板内受力钢筋的配筋方式主要有分离式和弯起式两种。　(　　)

(5)圈梁和构造柱都是起增强建筑物的整体稳定性作用的。　　　　　　　　　(　　)

(6)符号"2L50×50"中所表示的型钢是等边角钢。　　　　　　　　　　　　　(　　)

(7)钢筋混凝土构件详图中的配筋图包括立面图、断面图和钢筋详图。　　　　(　　)

(8)断面图的数量应根据钢筋的配置而定。　　　　　　　　　　　　　　　　(　　)

4.2.3 技能训练

班级_____姓名_____学号_____自评_____互评_____师评_____

1)识读钢筋混凝土梁详图(图4-1),回答下列问题

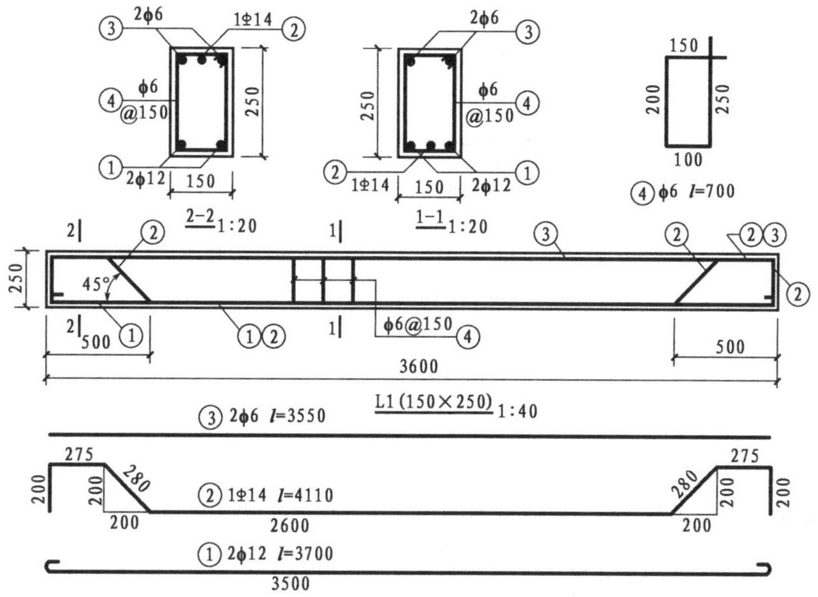

图4-1　钢筋混凝土梁详图

钢筋混凝土梁的详图中,它由_____图、_____图、_____详图组成。从图中可以看出,该梁为一根矩形梁,长度为_____mm,宽为_____mm,高为_____mm。该梁编号为①的钢筋为_____根直径为_____mm的_____级钢筋,是梁下部的受力筋,布置在钢_____部的角部,该钢筋每根长度为_____mm;编号为②的钢筋是两根直径为_____mm的弯起筋,从立面图和断面图可以看出,它在梁中部位于_____位置,首尾两端45°弯起,在梁端部位于_____位置,该钢筋每根长度为_____mm。编号为③的钢筋是_____根_____的_____筋,位于梁的上方,其长度为_____mm;_____号钢筋是箍筋,每隔_____mm放置一根,该钢筋每根长度为_____mm。

2)识读钢筋混凝土板详图(图4-2),回答下列问题

(1)从钢筋混凝土现浇板的结构平面图中可以看出,该板是支撑在_____~_____的梁上和_____~_____轴墙(梁)上。该板为_____(是单向还是双向)板。

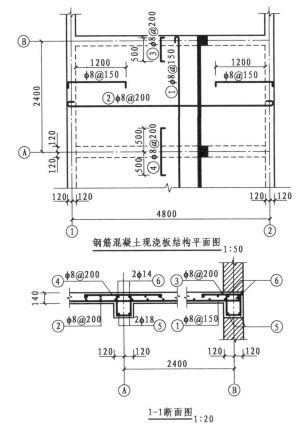

图4-2 钢筋混凝土板详图

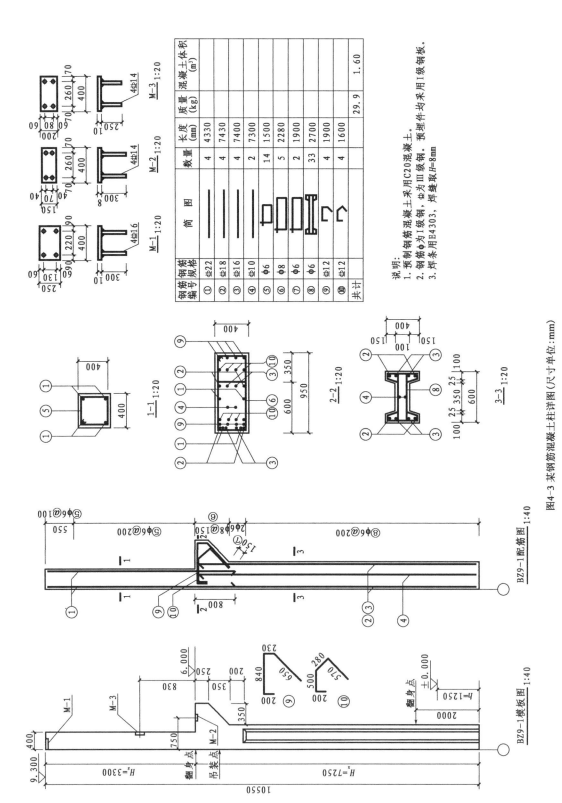

图4-3 某钢筋混凝土柱详图(尺寸单位:mm)

(2)结合板的1-1断面图,请你在板平面图上,添加1-1断面图的剖切符号。

(3)结合板平面图与断面图识读:该板横向贯通筋为1号φ_____@_____,位于_____(是板底还是顶),纵向贯通筋为2号φ_____@_____,位于_____(是板底还是顶)。该板在①与②轴线支座附近的负筋为φ_____@_____,Ⓐ轴线支座处的钢筋为_____号φ_____@_____,在_____(是板底还是顶),未计弯钩的长度为_____mm;Ⓑ轴线支座处的钢筋为_____,在_____(是板底还是顶),未计弯钩的长度为_____mm。

在图中还画出现浇板与圈梁的_____断面图(断面涂黑表示)。

3)识读某钢筋混凝土柱详图(图4-3),回答下列问题

识读钢筋混凝土牛腿柱详图:该图包含牛腿柱模板图、配筋图、预埋件详图、钢筋表和说明。

(1)模板图主要表示柱的外形、尺寸、标高,以及预埋件的位置等,作为制作、安装模板和预埋件的依据。为了防止安装时受损,在模板图中表明柱子施工时_____点和_____点。

(2)与柱断面图对照识读可知,上柱断面尺寸为_____×_____,下柱为_____字形柱,其断面尺寸为_____×_____,牛腿2-2断面处尺寸为_____×_____,柱总高为_____m,牛腿面标高为_____m,柱子埋入室内地面以下_____mm,柱子顶端标高为_____m。柱子上设有_____个预埋件,分别在柱子_____、_____和上柱侧面,其代号分别为_____、_____和_____。

（3）柱配筋图包括_____面图、_____面图和_____表。上柱放在四角的钢筋为_____根_____号的 φ _____@_____钢筋，从柱顶一直伸入牛腿_____mm，上柱箍筋编号为_____，钢筋为 φ _____@_____，加密区为 φ _____@_____（位于柱顶_____mm 范围内）。下柱两侧翼缘厚_____mm，放在四角的钢筋为_____根_____号的 φ _____@_____钢筋，左右两侧翼缘的中间各放了_____根_____号钢筋 φ _____@_____；腹板厚为_____mm，其中间放了_____根_____钢筋，编号为_____。下柱主要箍筋的编号为_____，少量箍筋的编号为_____（仅_____根）。

（4）牛腿处的钢筋除上柱伸入的_____号钢筋和从下柱伸入的_____号钢筋外，增配了_____与_____号钢筋，数量各为_____，为_____级钢筋。牛腿部分的箍筋为_____号钢筋 φ _____@_____，共_____根。

（5）块预埋件详图：M-1 尺寸为_____×_____×_____，下部焊有_____根直径为_____mm 的钢筋，长度_____mm；M-2 尺寸为_____×_____×_____，下面焊有_____根直径为_____mm，长度_____mm 的钢筋；M-3 尺寸为_____×_____×_____，下面焊有_____根直径为_____mm，长度_____mm 的钢筋。

任务4.3 识读房屋结构施工图

子任务 1.识读和抄绘基础结构平面布置图和基础详图
2.识读楼层结构布置图

4.3.1 任务书与指导书

1）目的

（1）识读和抄绘基础结构平面布置图和基础详图。
（2）能识读楼层结构布置图。
（3）能查阅制图标准与规范。
（4）能按制图规范绘图。

2）内容与要求

（1）识读和抄绘基础结构平面布置图和基础详图
【内容】能正确识读基础结构平面布置图和基础详图，按《建筑结构制图标准》（GB/T 50105—2010）等相关要求，完成基础平面图与基础详图的绘制——抄绘教材附录基础结构平面图。
【要求】独立完成 A3 图纸。线型正确，符合国标要求；线宽合理，分清粗、中、细。布图合理，选用的绘图比例符合要求；标题栏内容齐全。绘图比例：平面图 1:100 或 1:50；详图 1:20。
（2）识读楼层结构平面图
【内容】识读教材附录及本手册附图 2 某厂房结构施工图，完成识图报告。
【要求】识读结构施工图，完成相应的识图报告。

3）应交成果

A3 图纸：基础结构平面布置图和基础详图；识图报告：楼层结构平面图的识图报告。

4）时间要求

课内 + 课后完成。

5）指导

（1）基础图的绘制可根据建筑施工图情况选绘。先识图再绘图，在读懂基础平面图与断面图的基础上再绘图。

绘图要求按《建筑结构制图标准》(GB/T 50105—2010)规定,线宽合理,布图合理;注意平面图与断面图的比例不同,兼顾布图与比例。注意:平面图中剖切位置的标注与相关断面图的对应关系。

(2)认真阅读本手册附图 2 某厂房的结构施工图的目录与结构设计总说明、各图纸,并注意图纸与文字对照阅读,基本图与详图对照阅读。

4.3.2 理 论 自 测

班级_____姓名_____学号_____自评_____互评_____师评_____

1) 单项选择题

(1)基础施工图包括( )。
  A. 基础平面图、基础侧面图   B. 基础平面图、基础详图
  C. 基础正面图、基础详图   D. 基础正面图、基础侧面图

(2)与基础平面图中纵横定位轴线及编号一致的是( )。
  A. 建筑平面图   B. 建筑立面图
  C. 建筑剖面图   D. 正立面图

(3)基础平面图属于( )图。
  A. 建筑施工图   B.结构施工图   C. 设备施工图   D. 水电施工图

(4)基础平面图是一个水平剖面图,在基础平面图中,剖切到的基础墙与基础底面分别用( )绘制。
  A. 中实线、细实线   B. 粗实线、细实线
  C. 细实线、细实线   D. 中实线、虚线

(5)在基础平面图中,不需画( )。
  A. 基础墙   B. 柱
  C. 基础底面轮廓线   D. 大放脚

(6)表达基础各部分的形状、大小、材料、构造以及基础的埋置深度等的图叫( )。
  A. 基础图   B. 基础平面图   C. 基础详图   D. 底层平面图

(7)主要表达基础的断面形状、材料和构造、大小和埋深的图应是( )。
  A. 基础详图   B. 基础平面图   C. 构件详图   D. 基础模板图

(8)要了解基础各部分形状、大小、材料、构造、埋置深度及混凝土强度等级,可识读( )。
  A. 基础平面图   B. 基础施工说明
  C. 基础详图   D. 总平面图

(9)钢筋混凝土楼层平面图中板顶、梁底标高和板厚可采用( )表示。
  A. 移出断面   B. 全剖面   C. 重合断面   D. 局部剖面

(10)结构平面布置图一般采用的比例为( )。
  A. 1:100、1:200   B. 1:50、1:100、1:200
  C. 1:5、1:10、1:20   D. 1:10、1:100

(11)表示承重构件的布置、类型和数量或现浇钢筋混凝土板的钢筋配置情况的图称为( )。
  A. 建筑施工图   B. 设备施工图
  C. 结构平面布置图   D. 结构构件详图

(12)结构平面布置图是假想沿( )面将房屋水平剖切后,所做的楼层的水平投影图。

    A.楼梯面之上 1m
    B.楼梯休息平台面之上 1m

    C.防潮层位置
    D.楼板顶

(13)受力钢筋采用直径为 10mm 的 HPB300 钢筋,间距 150mm,其正确标注方式为( )。

    A.150ϕ10
    B.ϕ10@150
    C.50@10
    D.10ϕ150

(14)平面图中,如下图所示的钢筋表示( )钢筋。

    A.顶层
    B.底层
    C.顶层和底层
    D.都不是

2)多项选择题

(1)表示建筑物室内地面以下基础部分的平面布置和详细构造的图称为( )。

    A.基础立面图
    B.基础平面图
    C.基础详图

    D.底层平面图
    E.基础剖面图

(2)基础平面图的主要内容有( )。

    A.基础梁的位置和代号
    B.断面图的剖切位置线和编号

    C.施工说明
    D.基础的平面布置

    E.图名、比例、定位轴线及编号

(3)基础平面图一般按1:100 的比例画出,需要绘出( )。

    A.垫层边线
    B.基础墙的投影图

    C.大放脚
    D.柱

(4)下列关于楼层结构平面布置图的说法正确的有( )。

    A.表示建筑物基础以上各楼层及屋顶构件平面布置的图样称为楼层结构平面布置图。分为楼层结构平面布置图和屋顶结构平面布置图

    B.当建筑物有地下室或者有底层架空层时,底层有梁板结构,需要画出底层结构平面布置图;否则,不画底层结构平面布置图

    C.结构平面布置图中除画出梁、柱、墙外,主要还应画出板的钢筋布置情况,注明其直径、间距、长度、形状等

    D.板钢筋采用粗实线表示,板底钢筋采用端头180°半圆弯钩钢筋,弯钩向上或向左表示;板顶钢筋采用端头90°垂直弯钩钢筋,弯钩向下或向右表示

    E.板钢筋采用粗实线表示,板底钢筋采用端头180°半圆弯钩钢筋,弯钩向下或向右表示;板顶钢筋采用端头90°垂直弯钩钢筋,弯钩向上或向右表示

3)判断题

(1)楼板下的梁、过梁、圈梁用粗实线表示。 ( )

(2)楼层、层顶结构平面图的比例同建筑平面图,一般采用1:20 或 1:50 的比例绘制。 ( )

(3)条形基础中埋入地下的墙称为基础墙。 ( )

(4)基础详图的轮廓线用中实线表示,钢筋符号用粗实线绘制。 ( )

(5)楼层结构平面图是假想用一水平的剖切平面沿楼板面将房屋切开后所做的楼层水平投影。 ( )

(6)当结构的总横向断面尺寸相差悬殊时,可在同一图中采用不同比例。 ( )

4.3.3　技能训练

班级_____ 姓名_____ 学号_____ 自评_____ 互评_____ 师评_____

1)用 A3 图纸,抄绘教材附录基础结构平面图

2)识读本手册附图 2 某厂房结构施工图,完成识图报告

(1)识读基础施工图

①从基础平面图中可以看出,该工程基础形式为_____和_____,独立基础共有四种类型,分别为_____、_____、_____、_____。

②读基础 J-1,从图中可以看出,基础底部尺寸为_____。垫层宽出基础底部_____mm,垫层厚度为_____ mm。基底标高为_____m,基础埋深为_____m。基础底部配纵横钢筋网,配筋为_____,基础柱纵筋为_____,柱内钢筋伸入基础内锚固,锚固段弯钩部分长_____mm,基础柱内箍筋为_____。

(2)识读三、四、五层板配筋图

三层楼面标高为_____ m,为_____标高,与同层建筑标高相比相差_____mm,该楼层楼板厚度为_____mm,配筋为_____层_____向配筋,图中板底钢筋为_____,板顶配筋为_____。当板跨短向_____m 时,其四角应设_____放射负筋,长度取_____,以防止板产生切角裂缝。卫生间板配筋为_____层_____向,板编号为_____。

任务 4.4　识读房屋结构施工图——平法识图

子任务　识读结构平面图,绘制或识读梁、板、柱配筋图

4.4.1　任务书与指导书

1)目的

能依据钢筋混凝土平法制图规则,识读梁、板、柱配筋图,明确结构施工图梁、板、柱的配筋情况,为建筑结构(《建筑力学与结构》)的进一步识图打下基础。

2)内容与要求

(1)识读与绘制钢筋混凝土梁施工图

【内容】

①识读教材附录、本手册附图2某厂房结构施工图,读懂梁平法施工图,明确各梁的原位标注与集中标注各项内容的含义,完成识图报告。

②用 A3 图纸抄绘教材附录结施 05 中Ⓔ轴线梁(或另选梁)平面图(1:50 或 1:100);结合该梁的平法标注内容,绘制三个梁断面图(按教师指定位置)。

【要求】独立完成识图报告;独立完成梁断面图绘制,A3 图纸,平面图(1:50 或 1:100),断面图比例可自定,但要符合国标要求,线宽合理,分清粗、中、细;布图合理。

(2)识读与绘制钢筋混凝土柱施工图

【内容】识读图集 11G101-1 第 11 页、12 图、本手册附图 2 某厂房结构施工图,完成识图报告及施工图抄绘。

【要求】独立完成识图报告;抄绘 11G101-1 第 12 页 KZ2 断面图;可直接在本手册给定位置绘图,也可另绘 A3 图纸,但要符合国标要求;线宽合理,分清粗、中、细;布图合理。

(3)识读与绘制钢筋混凝土板施工图

【内容】阅读教材附录、本手册附图2某厂房结构施工图,明确板内钢筋配筋;完成要求的识图报告。

【要求】独立完成识图报告。

3)应交成果

钢筋混凝土梁、板、柱施工图识图报告;A3 图纸:梁平面图与断面图、KZ2 断面图。

4)时间要求

课内完成 + 课外完成。

5)指导

(1)在识图前先理解与掌握《钢筋混凝土构件的平面整体表示法》的制图规则。

(2)按制图规则逐项搞清施工图中各项内容的含义,完成识图报告。

(3)在读懂梁、板、柱施工图的基础上,再绘图。

(4)在识读梁配筋图时,要注意与建筑图与基础图的对照;明确该层框架梁的类型,各梁的编号、跨数、有无悬挑、断面尺寸、梁中箍筋、梁上部及下部通长钢筋。了解该层框架梁标高情况。

(5)在识读柱平面施工图时,要注意柱网与建筑图、基础图的对照;明确柱的类型,各柱段起止标高、几何尺寸、柱配筋数值等。

(6)在识读板平面施工图时,注意与建筑图、基础图的对照,明确板下结构情况;明确该层楼板(或屋面板)的各板的数量与类型,明确每板块的上部、下部贯通纵筋的配置情况,板支座上部非贯通纵筋的配置情况,并注意对称或不对称的尺寸标注。

4.4.2 理论自测

班级_____姓名_____学号_____自评_____互评_____师评_____

1) 单项选择题

(1)梁平面注写包括集中标注与原位标注,施工时,以( )取值优先。

    A.集中标注   B.原位标注   C.平面标注   D.截面标注

(2)当抗震结构中的非框架梁、悬挑梁、井字梁,及非抗震设计中的各类梁采用不同的箍筋间距及肢数时,用"/"将其分开。注写时,在"/"前后分别标注( )箍筋的间距及肢数。

    A.梁支座端部/梁跨中部分   B.梁跨中部分

    C.梁支座端部   D.梁跨中部分/梁支座端部

(3)构件代号"GAZ"代表的意思是( )。

    A.边缘暗柱   B.约束边缘暗柱

    C.非边缘暗柱   D.构造边缘暗柱

(4)梁平法中标注 KL7(3)300×700 Y500×250 表示( )。

    A.7 号框架梁,3 跨,截面尺寸为宽300mm、高700mm,第三跨变截面根部高500mm、端部高250mm

    B.7 号框架梁,3 跨,截面尺寸为宽700mm、高300mm,第三跨变截面根部高500mm、端部高250mm

    C.7 号框架梁,3 跨,截面尺寸为宽300mm、高700mm,第一跨变截面根部高250mm、端部高500mm

    D.7 号框架梁,3 跨,截面尺寸为宽300mm、高700mm,框架梁加腋,腋长500mm、腋高250mm

(5)板块编号"XB"表示( )。

    A.现浇板   B.悬挑板   C.延伸悬挑板   D.屋面现浇板

(6)当梁上部纵筋多余一排时,用符号( )将各排钢筋自上而下分开。

    A./   B.;   C.*   D.+

(7)梁中同排纵筋直径有两种时,用符号( )将两种纵筋相连,注写时将角部纵筋写在前面。

    A./   B.;   C.*   D.+

(8)框架梁平法施工图中集中标注内容的选注值为( )。

    A.梁编号   B.梁截面尺寸   C.梁箍筋   D.梁顶面标高高差

(9)下列关于梁、柱平法施工图制图规则的论述中正确的是( )。

    A.梁采用平面注写方式时,集中标注取值优先

    B.梁原位标注的支座上部纵筋是指该部位不含通长筋在内的所有纵筋

    C.梁集中标注中受扭钢筋用"G"打头表示

    D.梁编号由梁类型代号、序号、跨数及有无悬挑代号几项组成

(10)下列关于柱平法施工图制图规则论述中错误的是( )。

    A.柱平法施工图系在柱平面布置图上采用列表注写方式或截面注写方式

    B.柱平法施工图中应按规定注明各结构层的楼面标高、结构层高及相应的结构层号

    C.柱编号由类型代号和序号组成

    D.注写各段柱的起止标高,自柱根部往上以变截面位置为界分段注写,截面未变但配筋改变处无须分界

(11)平法表示中,若某梁箍筋为 φ8@100/200(4),则括号中的"4"表示( )。

    A.有 4 根箍筋间距 200mm   B.箍筋肢数为 4 肢

    C.有 4 根箍筋加密   D.都不对

(12)梁平法配筋图集中标注中,G2φ14 表示( )。

    A.梁侧面构造钢筋每边两根   B.梁侧面构造钢筋每边一根

    C.梁侧面抗扭钢筋每边两根   D.梁侧面抗扭钢筋每边一根

(13)梁的上部有 4 根纵筋,2φ25 放在角部,2φ12 放在中部作为架立筋,在梁支座上部应注写为( )。

    A.2φ25+2φ12   B.2φ25+(2φ12)

    C.2φ25;2φ12   D.2φ25/2φ12

(14)梁的支座下部钢筋两排,上排2φ22,下排4φ25,在梁支座上部应注写为( )。

    A.2φ22+4φ25   B.2φ22+4φ25 4/2

    C.2φ22+4φ25 2/4   D.2φ22;2φ25

(15)施工图中若某梁编号为 KL2(3B),则 3B 表示( )。

    A.三跨无悬挑   B.三跨一端有悬挑

    C.三跨两端有悬挑   D.三跨边框梁

(16)在柱的箍筋标注有"L 12@100/200",其含义表示( )。

    A.有 L 根 12 的箍筋在加密区,其间距为 100mm

    B.有 L 根 12 的箍筋在非加密区,其间距为 200mm

    C.采用螺旋箍筋,加密区间距为 100mm,非加密区间距为 200mm

    D.以上说法都不对

2) 多项选择题

(1)梁平法施工图的注写方式有( )。

    A.平面注写   B.立面注写   C.剖面注写

    D.截面注写   E.列表注写

(2)平法的表达形式,概括来讲,是把结构构件的尺寸和配筋等,按照平面整体表示方法制图规则,整体直接表达在各类构件的结构平面布置图上,再与标准构造详图相配合,即构成一套新型完整的结构设计,在平面图上表示各构件尺寸和配筋值的方式,有( )。

    A.平面注写方式(标注梁)   B.列表注写方式(标注柱和剪力墙)

    C.平面注写方式(标注柱)   D.列表注写方式(标注梁和剪力墙)

    E.截面注写方式(标注柱和梁)

(3)梁的平面注写包括集中标注和原位标注,集中标注有五项必注值是( )。

    A.梁编号、截面尺寸   B.梁上部通长筋、箍筋

C. 梁侧面纵向钢筋　　　　　　　　D. 梁顶面标高高差

(4)两个柱编成统一编号必须相同的条件是(　　)。

    A. 柱的总高相同　　　　　　　　　B. 分段截面尺寸相同

    C. 截面和轴线的位置关系相同　　　D. 配筋相同

(5)梁的平面注写包括集中标注和原位标注,集中标注的必注值包括(　　)。

    A. 梁编号、截面尺寸　　　　　　　B. 梁上部通长筋、箍筋

    C. 梁侧面纵向钢筋　　　　　　　　D. 梁顶面标高高差

(6)柱箍筋加密范围包括(　　)。

    A. 节点范围　　　　　　　　　　　B. 底层刚性地面上下 500mm

    C. 基础顶板嵌固部位向上 $H_n/3$　　D. 搭接范围

    E. 每层柱中部

3)判断题

(1)梁的平面注写包括集中标注和原位标注,集中标注表达梁的通用数值,原位标注表达梁的特殊数值。　　　　　　　　　　　　　　　　　　　　　　　　　　(　　)

(2)截面注写的方式既可以单独使用,也可与平面注写方式结合使用。　　(　　)

(3)相交的主次梁中,次梁断面的下部筋应放置在主梁下部筋之上。　　　(　　)

(4)$\phi 10@ 100/200 (4)$ 表示箍筋为一级钢,直径为 10mm,加密区间为 100mm,非加密为 200mm,均为四肢箍。　　　　　　　　　　　　　　　　　　　　　(　　)

(5)KL8(5A)表示第 8 号框架梁,5 跨,一端有悬挑。　　　　　　　　(　　)

(6)当梁顶比板顶低的时候,注写"负标高高差"。　　　　　　　　　　(　　)

(7)"G"打头的钢筋是构造钢筋,"N"打头的是抗扭钢筋。　　　　　　(　　)

(8)梁集中标注中的(−0.100)表示梁顶面比楼板顶面低 0.100(单位:m)。(　　)

(9)梁腹板高度 $h_w \geqslant 450mm$ 时,须在梁中配置纵向构造筋。　　　　(　　)

(10) $b \times h$　$PYc_1 \times c_2$ 表示水平加腋,c_1 为腋长,c_2 为腋宽。　　　(　　)

(11)当某跨梁原位标注的箍筋规格或间距与集中标注的不同时,以集中标注的数值为准。　　　　　　　　　　　　　　　　　　　　　　　　　　　　(　　)

(12)当梁上部纵筋和下部纵筋均为通长筋时,用";"将上部与下部纵筋分开。(　　)

(13)梁集中标注中,当同排纵筋有两种直径时,用"+"将两种直径的纵筋相连。(　　)

(14)现浇板式结构中,长向钢筋应放置在短向钢筋的下方。　　　　　(　　)

(15)当图纸结构设计说明对钢筋的锚固长度有要求时,按照图纸设计进行施工,但也可以按照平法图集的要求施工。　　　　　　　　　　　　　　　　　　　(　　)

4.4.3　技 能 训 练

班级_____姓名_____学号_____自评_____互评_____师评_____

1)识读本手册附图 2 某厂房结构施工图中的梁配筋图

2)识读本手册附图 2 某厂房结构施工图,梁配筋图,用 A3 图纸选绘一根梁的平面图(1:50 或 1:100);结合该梁的平法标注,选择绘制三个梁断面图(按教师指定位置)

3)柱平法施工图制图规则

(1)柱平法施工图是在柱平面布置图上采用_____注写方式或_____注写方式表达。

(2)列表注写方式是在柱平面布置图上,分别在同一编号的柱中选择一个(有时需要选择几个)截面标注几何参数代号;在柱表中注写_____、_____、_____(含柱截面对轴线的偏心情况)与_____的具体数值,并配以各种_____及其_____图的方式,来表达柱平法施工图。

(3)柱列表注写方式中,注写各段柱的起止标高,自柱_____部往上以_____位置或截面未变但_____处为界分段注写;柱纵筋分_____、截面_____筋和_____筋三项分别注写(对于采用对称配筋的矩形截面柱,可仅注写一侧中部筋,对称边省略不注)。注写柱箍筋,包括_____、_____与_____。当为抗震设计时,用斜线"/"区分柱端箍筋_____与柱身_____长度范围内箍筋的不同间距。

(4)截面注写方式是在分标准层绘制的柱平面布置图的柱截面上,分别在同一编号的柱中选择一个截面以直接注写_____和_____的方式来表达柱平法施工图。

4)识读图集 11G101-1 第 12 页图

KZ1 是指 1 号框架柱。该柱的 19.470～37.470m 段,柱断面尺寸为_____×_____,其中 h 方向的轴线偏心,$h_1 = $_____ mm,$h_2 = $_____ mm。角筋是 4 Φ22,即_____根直径为_____ mm 的_____级钢筋;b 边一侧中部筋为_____;h 边一侧中部筋为_____。箍筋类型号为_____×_____,箍筋为_____,即直径为_____ mm 的_____级钢筋,各箍筋中心距为加密区_____ mm,非加密区_____ mm。

5)识读本手册附图 2 某厂房的结施"基础顶～4.150 柱平法施工图"及"4.150～18.550 柱平法施工图"

从基础顶～4.150 柱平法施工图可知,共有_____种类型框架柱,其中,KZ-4 截面尺寸为_____,该柱配筋情况为:纵向共配置_____根_____纵筋,箍筋形式有_____种,箍筋大小及间距为_____(其中加密区间距为_____)。该柱在"4.150～18.550 柱平法施工图"中对应的配筋为:纵向共配置_____根_____纵筋,箍筋形式有_____种,

箍筋大小及间距为_____。该柱在两结施图中的断面是否有变化?_____。

6)识读本手册附图2某厂房结构施工图,选择一框架柱,绘制其完整的各个断面图(比例自定)

7)板平法施工图制图规则

(1)有梁楼盖板的平法施工图是在楼面板和屋面板布置图上,采用_____的表达方式。板平面标注主要包括_____标注与板_____标注。板块集中标注的内容为_____、_____、_____,以及当楼面标高不同时的_____;板支座原位标注的内容为:板支座上部_____和纯悬挑板_____钢筋。

(2)识读11G101-1 第 41 页(有梁楼盖平法施工图),该建筑的 15.870 ~ 26.670m 板,共有_____类板块,分别为_____、_____、_____、_____、_____。其中 LB5 板厚_____mm,B 表示下部贯通筋,从左到右方向为_____,从下至上方向为_____;板支座上部非贯通筋有多根,如③φ12@120 的含义为_____,1800 表示该钢筋对称布置_____mm。

项目5 施工图综合识图

任务5.1 施工图综合识图

任务 5.1　施工图综合识图

子任务　**1. 建筑施工图识图**

　　　　2. 结构施工图识图

5.1.1　任务书与指导书

1) 目的

(1) 能正确对照识读建筑施工图中的各相关图纸。

(2) 能按规范正确补绘剖面图。

(3) 能正确对照识读结构施工图中的各相关图纸。

(4) 能将建筑施工图和结构施工图对照识图,想象建筑物整体。

2) 内容与要求

(1) 建筑施工图识图

【内容】识读教师指定的实际工程施工图的建筑施工图,完成相应识图报告、补绘建筑剖面图。

【要求】识读建筑施工图,完成相应的识图报告,补绘建筑剖面图。

绘制指定位置剖面图;线型正确,符合《房屋建筑制图统一标准》(GB 50001—2010)要求;线宽合理,分清粗、中、细;布图合理,选用的绘图比例符合要求;标题栏内容齐全。

绘图比例:平面图 1:100 或 1:50,详图 1:20。

(2) 结构施工图识图

【内容】识读教师指定的实际工程施工图的结构施工图,完成相应的识图报告。

【要求】识读结构施工图,完成相应的识图报告。

3) 应交成果

(1) 图纸:指定位置的剖面图。

(2) 识图报告:建筑施工图、结构施工图识图报告。

4) 时间要求

(1) 指定位置的剖面图:课内完成。

(2) 建施图、结施图识图报告:课内 + 课后完成。

5) 指导

(1) 识读方法

识读建筑工程施工图的一般方法是"总体了解、顺序识读、前后对照、重点细读"。对全套图样来说,先看目录、说明,再看建施、结施和设施。对每一张图样来说,先看标题栏、文字,再看图样。对各专业图样来说,先看建施,再看结施和设施。对建筑施工图来说,先看平面图、立面图、剖面图,再看详图。对结构施工图来说,先看基础图、结构平面布置图,再看构件详图。对设备施工图来说,先看平面图、系统图,再看详图。

(2) 识读步骤

总体了解一般先看图纸目录、设计说明和总平面图,了解工程概况,如工程设计单位,建设单位,新建房屋的位置、高程、朝向、周围环境等。对照目录检查图纸是否齐全,采用了哪些标准图集并备齐这些标准图。在总体了解建筑物的概况以后,根据图纸编排和施工的先后顺序从大到小、由粗到细,按建施、结施、设施的顺序仔细阅读有关图纸。

①建筑施工图:看各层平面图,了解建筑物的功能布局以及建筑物的长度、宽度、轴线尺寸等。看立面图和剖面图,了解建筑物的层高、总高、立面造型和各部位的大致做法。平、立、剖面图看懂后,要能大致想象出建筑物的立体形象和空间组合。看建筑详图,了解各部位的详细尺寸、所用材料、具体做法,引用标准图集的应找到相应的节点详图阅读,进一步加深对建筑物的印象,同时考虑如何进行施工。

②结构施工图:通过阅读结构设计说明了解结构体系、抗震设防烈度以及主要结构构件所采用的材料等有关规定后,按施工先后顺序依次从基础结构平面布置图开始,逐项阅读各标高楼面、屋面结构平面布置图和结构构件详图。了解基础形式,埋置深度,墙、柱、梁、板等的位置、尺寸、配筋、标高和构造等。

③前后对照、重点细读:读图时,要注意平面图、立面图、剖面图对照读,平、立、剖面图与详图对照读,建施和结施对照读,土建施工图和设备施工图对照读,做到对整个工程心中有数。根据工种的不同,对相关专业施工图的新构造、新工艺、新技术要重点仔细阅读,并将遇到的问题记录下来,及时与设计部门沟通。要想熟练地识读施工图,除了要掌握投影原理、熟悉国家制图规范和有关标准图集外,还必须掌握各专业施工图的用途、图示内容和表达方法。

5.1.2 技能训练

班级_____姓名_____学号_____自评_____互评_____师评_____

(1)识读某工程的建筑施工图与结构施工图(按老师指定的实际工程图),自行撰写识图报告。注意按照总体了解、顺序识读、前后对照、重点细读的读图思路来写。要求体现读图思路,尽可能条理清晰,内容完整,重点突出。

(2)在识图基础上,按老师指定的剖切位置,补绘剖面图(A2 或 A3 图纸,比例与建筑平面图、建筑立面图一致)。

项目6 施工图审图

任务6.1 施工图自审

任务6.2 施工图会审

图间的矛盾问题,基本图与详图件的构件代号对应关系问题等。

③找与建施图相互矛盾的问题:对照建施图,找出构件的标高、位置、尺寸等有矛盾的问题。

④找绘图投影关系错误问题:投影方向、图线错误、遗漏等问题。

注:整个过程应该前后图纸对照读图并查找问题。

任务6.1　施工图自审

子任务　完成施工图自审记录

6.1.1　任务书与指导书

1)目的

(1)能读懂施工图。

(2)能找出施工图中的错误。

2)内容与要求

【内容】认真阅读与审核本手册附图1某传达室结构施工图,将图中前后矛盾、违反规范及存在错误等问题进行记录,形成施工图审图记录。

【要求】

(1)读施工图,重点找建筑施工图中有关的错误和问题,在图纸中标记,并做好自审记录。

(2)读施工图,重点找结构施工图中有关的错误和问题,在图纸中标记,并做好自审记录。

3)应交成果

施工图自审记录。

4)时间要求

课内完成。

5)指导

(1)读建筑施工图部分:

①施工总说明中的有关问题:选用规范方面的问题、材料的选择和施工工艺的合理性等问题。

②图纸规范方面问题:图名、比例、图线、图例、符号、代号、标注等。

③找前后图矛盾的问题:平、立、剖、详图间的矛盾问题,详图索引符号和详图符号间的对应关系问题。

④找绘图投影关系错误问题:投影方向、图线错误、遗漏等问题。

(2)读结构施工图部分:

①图纸规范方面问题(图名、比例、图线、图例、符号、代号、标注等)。

②找前后图矛盾的问题:基础平面布置图与基础详图间、楼层结构布置图与梁、柱布置图及详

6.1.2 理论自测

班级_____ 姓名_____ 学号_____ 自评_____ 互评_____ 师评_____

1)单项选择题

(1)以下说法正确的是( )。

    A. 一般将各单位内部组织的图纸审核称为自审

    B. 一般将设计单位内部组织的图纸审核称为自审

    C. 一般将施工单位内部组织的图纸审核称为自审

    D. 一般将建设单位内部组织的图纸审核称为自审

2)填空题

(1)施工图审图就是工程各参建单位(_____、_____、施工单位)在收到设计院施工图设计文件后,在工程开工之前,对图纸进行全面细致的熟悉、识图、_____的过程。

(2)施工图通过审图,可以减少图纸中的差错、_____、矛盾,将图纸中的质量隐患与问题消灭在_____之前。

(3)识图、审图的程序可按照"审查拟建工程的总体方案、审查_____施工图的情况、审查_____施工图情况、审查施工图中可_____方面"四个步骤进行。

6.1.3 技能训练

班级_____ 姓名_____ 学号_____ 自评_____ 互评_____ 师评_____

1)识读本手册附图1某传达室的建筑施工图,找出错误之处,并记录

2)识读本手册附图1某传达室的结构施工图,找出错误之处,并记录

任务6.2　施工图会审

子任务　会审模拟、撰写施工图会审纪要

6.2.1　任务书与指导书

1)目的

(1)明确施工图会审的作用、意义、步骤程序。能按施工图会审程序进行图纸会审(模拟)。

(2)熟悉施工图会审的会议纪要格式,能根据会审模拟做会议纪要。

(3)提高口头表达能力、沟通交流能力、合作精神等。

2)内容与要求

【内容】在施工图自审的基础上,明确施工图纸会审纪要的作用、意义,掌握施工图纸会审会的常规程序,进行施工图纸会审模拟,完成施工图纸会审模拟纪要。

【要求】符合会议纪要的格式要求,记录要点完整、条理清楚、字体工整。

3)应交成果

施工图图纸会审纪要。

4)时间要求

课内完成。

5)指导

(1)分组

按学生座位分组。

(2)明确意义

可有效消除由于设计原因而造成的质量事故隐患、大大减少工程变更或返工量,从而有效地节约工程投资,另外,工程变更和返工工作量的减少,对工程施工进度也提供了有效保障。

(3)会审参与单位

一般来说,在工程即将开工以前建设单位均要组织相关参建单位进行工程施工图会审,图纸会审参加单位为建设单位、设计单位、施工单位、监理单位及相关单位。

(4)模拟

结合PPT演示真实会审场景,学生各小组模拟图纸会审各参加单位进行图纸模拟会审,各单位代表发言,其他成员补充提问或回答。

(5)会议纪要参考

一般会议纪要包含标题、会议参加单位、会议地点、时间、图纸名称、图纸中的问题与建议,可以用编号逐条列举用一问一答的方式体现,也可以直接写出问题与建议,最后是参与单位的会签。书写格式可参考以下某办公楼图纸会审纪要。

××厂
办公楼图纸会审纪要

会议参加单位:××厂、××建筑设计有限公司、××监理公司、××建设有限公司

会议地点:××厂会议室

会议时间:2015年5月5日

工程图纸:××厂办公楼图纸

问题与建议:

(1)建筑设计总说明第八条,建议明确钢丝网(钢板网)型号。

回答:必须采用标准钢丝网。　类别:设计不明确。

(2)建筑设计总说明第十二条,建议明确留洞不同墙厚者做何处理?

回答:同留洞等墙做法。　类别:从保证施工质量考虑,要求设计加强。

(3)建筑设计总说明第十四条,建议外墙线条、露台等涉及易受雨水溅撒或浸泡部位用素混凝土上翻250mm高。

回答:同意以上建议。　类别:从保证施工质量考虑,要求设计加强。

(4)建筑设计总说明第二十六条,加强卫生间墙面的防水措施,并明确采用JS,宿舍楼1.8m高,公共场所0.4m(JS防水效果不是很好,且很容易被破坏,建议采用橡胶沥青防水,并且瓷砖采用湿贴+防水剂相结合的方式)。

回答:同意。　类别:从保证施工质量考虑,要求设计加强。

(5)建施12:A-A剖面图中标高7.200m应改为7.000m。　类别:设计标注错误。

(6)1号楼梯剖面图:标高2.128~3.80m段,12×152=1672错误。

回答:改为11×152=1672。　类别:设计标注错误。

(7)建施14:1号楼梯二层平面图,11×280=3000错误。

回答:改为10×300=3000。　类别:设计标注错误。

(8)建施14:1号楼梯三、四平面图中标高7.200m不对?

回答:应改为7.000m。　类别:设计标注错误。

(9)建施15:2号楼梯剖面图中标高7.200m不对。

回答:应改为7.000m。　类别:设计标注错误。

(10)建施17:节点④五层标高13.40~16.200m段高差?

回答:节点④五层标高13.40~16.20m段高差为2800mm。　类别:设计标注错误。

（11）建施17：根据规范，多层建筑阳台栏杆净高不小于1050mm即可，从楼地面算起，满足阳台栏杆净高1050mm即可，是否改为1050mm？

回答：同意多层建筑阳台栏杆净高1050mm。 类别：从节约工程成本考虑。

（12）结施11：说明①中明确未注明板厚均为多少？③中明确阴影部分板厚是多少？未注明板厚均为多少？没有明确。

回答：说明①中明确未注明板厚均为120mm，③中明确阴影部分板厚是120mm，未注明板厚均为120mm。 类别：设计不明确。

（13）董事长办公室卫生间⑧轴梁顶标高高于板面标高40mm？梁降低做法节点图处理。

回答：⑧轴梁顶标高高于板面标高40mm，梁降低做法节点图处理。 类别：设计不明确。

（14）考虑本工程平屋面保温材料采用挤塑聚苯板，该材料具有出色的保温功能[导热系数小于0.033W/（m·K）]、优越的抗湿性（体积吸水率小于或等于1.5%）和高度的挤压强度，建议采用倒置式屋面，有效提高屋面防水及保温性能。

回答：同意。类别：从保证施工质量考虑，要求设计单位改变设计（造成该问题是由于设计缺乏现场施工方面的经验）。

（15）地下室墙后浇带、止水带如何设置？

回答：由设计出详图。 类别：设计考虑不周。

（16）请设计明确地下室墙施工缝设置？水平施工缝、后浇带增加止水钢板如何设置？

回答：具体节点做法由设计另外出设计联系单。 类别：设计考虑不周。

（17）建筑施工图与结构施工图地下室高程有差异，位于⑧~ⓒ轴、②~③轴中②轴洞口结构施工图与建筑施工图位置不同？

回答：全部按结构施工图施工，排水沟、吸水槽位置不变，按结构施工图施工。 类别：结构施工图和建筑施工图矛盾。

（18）墙体粉煤灰砖，是否改为页岩多孔砖，请建设单位确定。

回答：考量节能要求，同意采用页岩多孔砖。类别：设计没有错误，建设单位单方面提出材料变换要求，涉及成本增加。

会签：

（1）××厂：×××
　　　　　（签章）

（2）××建筑设计有限公司：×××
　　　　　　　（签章）

（3）××监理公司：×××
　　　　　（签章）

（4）××建设有限公司：×××
　　　　　　　（签章）

××监理公司
××厂项目监理部
2015/5/10

6.2.2 技能训练

班级＿＿＿＿姓名＿＿＿＿学号＿＿＿＿自评＿＿＿＿互评＿＿＿＿师评＿＿＿＿

施工图会审（会审模拟、撰写施工图会审纪要）

××门房施工图会审纪要	
会议参加单位	
会议地点	
会议时间	
工程图纸	

问题与建议：

（注：若此页写不下可另加附页）

会签：
1.　　　　　　　　　　　2.

3.　　　　　　　　　　　4.

整理单位：
整理时间：

项目7　房屋建筑设计

任务7.1　新农村独院式住宅楼(别墅)设计

任务7.1 新农村独院式住宅楼(别墅)设计

7.1.1 任务书与指导书

1)目的

(1)通过该次设计能达到系统巩固并扩大所学的理论知识与专业知识,使理论联系实际。

(2)在指导教师的指导下能独立解决有关工程的建筑施工图设计问题,并能表现出一定的科学性与创造性,从而提高设计、绘图、综合分析问题与解决问题的能力。

(3)了解在建筑设计中,建筑、结构、水、暖、电各工种之间的责任及协调关系,为走上工作岗位,适应我国安居工程建设的需要,打下良好的基础。

2)内容与要求

【内容】 本次课程设计的任务如下:

(1)内容:小康型住宅楼建筑设计,满足21世纪初现代化家居生活要求。

(2)规划要求:本建筑属东阳市某郊区私人住宅,建筑红线30m×30m。建筑占地面积为120~150m²之间,四周均为空地,南边有一道路。檐口标高10.300m,室内首层地面为±0.000m标高处,室内外地面高差0.6m,各层层高自定,屋面坡度1:2。如图7-1所示。

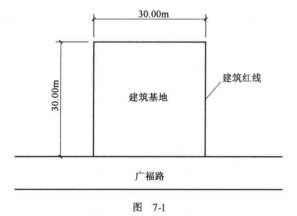

图 7-1

(3)设计条件:拟于小区某地段建设一幢住宅,总面积控制在550m²以内,适合现代家居生活,基地环境自拟。参考标准:

层数:三层半;耐火等级:Ⅱ级;屋面防水等级:Ⅱ级。

结构类型:自定(砖混或框架)。

房间组成及要求(参考),功能空间低限面积标准如下:

起居室:18~25m²(含衣柜面积);主卧室:12m²~16m²;

双人次卧室:12~14m²;单人卧室:8~10m²;

餐厅:不小于8m²;门厅:2~3m²;

工作室:6~8m²;储藏室:2~4m²(吊柜不计人);

厨房:不小于6m²,可设灶台、调理台、洗地台、搁置台、上柜、下柜、抽油烟机等;

车库不小于16m²,停放私家车为准;

卫生间:4~6m²(双卫可适当增加),可设浴盆、淋浴器、洗脸盆、坐便器、镜箱、洗衣机位、排风道、机械排气等。

【要求】

(1)分组要求

各班级按人数分成若干小组,每组人数应为6~8人。每一小组设一小组长,负责召集本组成员共同讨论设计方案及出勤考核。同一小组成员的桌椅拉到一起围成一圈。同一小组内的设计成果可以相同,鼓励个人有局部创新,有创新者视情况在成绩中加分。不同小组的设计方案严禁相同,如发现相同则两小组成员的成绩均为不及格。

(2)纪律要求

在课程设计期间,每位同学应严格遵守学院的各项规章制度,要准时参加晨跑、早自修及晚自修,早上四节课下课铃声响后方可去吃饭,下午要求上两节课,两节课后可到图书馆等地方查相关资料,晚自修准时参加。组长每节课点名,课代表每天上报出勤情况,指导教师每天随机抽查一次以上,如果累计三次点名不到者成绩计不及格,如有事请假须按照学院规定章程执行。小组合作,独立完成。图纸要求根据建筑制图统一标准规范标注。布图合理,线型符合详图图示要求,内容表达准确,图面干净清楚。

3)应交成果

(1)建筑施工图纸一套,图纸组成:

①设计总说明、总平面图:比例1:200。

②建筑平面图:包括底层平面图、标准层平面图和屋顶平面图,比例1:100。

③建筑立面图:包括正立面、背立面或侧立面图,比例1:100。

④建筑剖面图:1~2个,比例1:100。

⑤建筑详图:表示局部构造的详图,如楼梯详图(必画)、外墙身详图(必画)、门窗详图等;比例自定。

(2)实训总结:1000字以上。

4)时间要求

房屋建筑设计实训周一周,具体安排见表7-1。

实训(习)安排计划(或日程表)　　　　　　　　　　　　　　　　表7-1

时间	实习地点	备　注
周一	各班教室	完成平面图、立面图、剖面图设计草稿审核,并绘制平面图
周二	各班教室	绘制各层平面图
周三	各班教室	绘制立面图、剖面图
周四	各班教室	绘制剖面图和墙身、楼梯节点详图
周五	各班教室	绘制建筑设计总说明、总平面图,完成图纸修改、出图、装订,书写设计总结

5)指导

住宅是供家庭日常居住使用的建筑物,是人们为满足家庭生活需要,利用自己掌握的物质技术手段创造的人造环境。因此,设计人员应首先研究家庭结构、生活方式、习惯以及地方特点,然后通过多种多样的空间组合方式设计出满足不同生活要求的住宅。

为保障城市居民基本的住房条件,提高城市住宅功能质量,应使住宅设计符合适用、安全、卫生、经济等要求。

本次课程设计是为了培养学生综合运用所学理论知识和专业知识,解决实际工程问题能力的最后一个重要教学环节,师生都应当充分重视。

学生应严格按照指导老师的安排有组织、有秩序地进行本次设计。先经过老师讲课辅导、答疑,学生自行进行设计,完成主要工作以后,在规定的时间内再进行答疑、审图;最后,每位学生必须将全部设计图纸加上封面装订成册。

(1)设计图纸内容及深度

在选定的住宅设计方案基础上,进行建筑施工图设计,要求3号图纸有10张左右或2号图纸有5张左右,具体内容如下:

①施工图首页和总平面图。

建筑施工图首页一般包括:图纸目录、设计总说明、总平面图、门窗表、装修做法表等。总说明主要是对图样上无法表明的和未能详细注写的用料和做法等的内容做具体的文字说明。

总平面图主要是表示出新建房屋的形状、位置、朝向,与原有房屋及周围道路、绿化等地形、地物的关系。从总平面图中可看出,与新建房屋室内、底层地坪的设计标高±0.000相当的绝对标高,单位为m。

②建筑平面图。

应标注如下内容:

a.外部尺寸。如果平面图的上下、左右是对称的,一般外部尺寸标注在平面图的下方及左侧;如果平面图不对称,则四周都要标注尺寸。外部尺寸一般分3道标注:最外面的一道是外包尺寸,表示房屋的总长度和总宽度;中间一道尺寸表示定位轴线间的距离;最里面一道尺寸,表示门窗洞口、门或窗间墙、墙端等细部尺寸。底层平面图还应标注室外台阶、花台、散水等尺寸。

b.内部尺寸。包括房间内的净尺寸、门窗洞、墙厚、柱、砖垛和固定设备(如厕所、盥洗、工作台、搁板等)的大小、位置及墙、柱与轴线的平面位置尺寸关系等。

c.纵、横定位轴线编号及门窗编号:门窗在平面图中,只能反映出它们的位置、数量和洞口宽度尺寸,窗的开启形式和构造等情况是无法表达的。每个工程的门窗规格、型号、数量都应有门窗表说明,门代号用"M"表示,窗代号用"C"表示,并加注编号以便区分。

d.标注房屋各组成部分的标高情况:如室内外地面、楼面、楼梯平台面、室外台阶面、阳台面等处都应当分别注明标高。对于楼地面有坡度时,通常用箭头加注坡度符号表明。

e.从平面图中可以看出,楼梯的位置、楼梯间的尺寸,起步方向、楼梯段宽度、平台宽度、栏杆位置、踏步级数、楼梯走向等内容。

f.在底层平面图中,通常将建筑剖面图的剖切位置用剖切符号表达出来。

g.建筑平面图的下方标注图名及比例,底层平面图应附有指北针表明建筑的朝向。

h.建筑平面中应表示出各种设备的位置、尺寸、规格、型号等,它与专业设备施工图相配合供施工等用,有的局部详细构造做法用详图索引符号表示。

③屋顶平面图。

应表明屋面排水分区、排水方向、坡度、檐沟、泛水、雨水下水口、女儿墙等的位置。

④建筑立面图。

应反映出房屋的外貌和高度方向的尺寸。

a.立面图上的门窗可在同一类型的门窗中较详细地各画出一个作为代表,其余用简单的图例表示。

b.立面图中应有3种不同的线型;整幢房屋的外形轮廓或较大的转折轮廓用粗实线表示;墙上较小的凹凸(如门窗洞口、窗台等)以及勒脚、台阶、花池、阳台等轮廓用中实线表示;门窗分格线、开启方向线、墙面装饰线等用细实(虚)线表示。室外地坪线可用比粗实线稍粗一些的实线表示,尺寸线与数字均用细实线表示。

c.立面图中外墙面的装饰做法应用引出线引出,并用文字简单说明。

d.立面图在下方中间位置标注图名及比例。左右两端外墙均用定位轴线及编号表示,以便与平面图相对应。

e.表明房屋上面各部分的尺寸情况;如雨篷、檐口挑出部分的宽度、勒脚的高度等局部小尺寸;注写室外地坪、出入口地面、勒脚、窗台、门窗顶及檐口等处的标高。数字写在横线上的是标注构造部位顶面标高,数字写在横线下的是标注构造部位底面标高(如果两标高符号距离较小,也可不受此限制)。标高符号位置要整齐、三角形大小应该标准、一致。

f.立面图中有的部位要画详图索引符号,表示局部构造的另有详图表示。

⑤建筑剖面图。

要求用两个横剖面图或一个阶梯剖面图来表示房屋内部的结构形式、分层及高度、构造做法等情况。

a.外部尺寸有3道:第一道是窗(或门)、窗间墙、窗台、室内外高差等尺寸;第二道尺寸是各层的层高;第三道是总高度。承重墙要画定位轴线,并标注定位轴线的间距尺寸。

b.内部尺寸有两种:地坪、楼面、楼梯平台等标高;所能剖到的部分的构造尺寸。必需时,要注写地面、楼面及屋面等的构造层次及做法。

c.表达清楚房屋内的墙面、顶棚、楼地面的面层,如踢脚线、墙裙的装饰和设备的配置情况。

d.剖面图的图名应与底层平面图上剖切符号的编号一致;和平面图相配合,也可以看清房屋的入口、屋顶、天棚、楼地面、墙、柱、池、坑、楼梯、门、窗各部分的位置、组成、构成、用料等情况。

⑥外墙墙身详图。

实际上是建筑剖面图的局部放大图,用较大的比例(如1:20)画出。可只画底层、顶层或加一个中间层来表示,画图时,往往在窗洞中间处断开,成为几个节点详图的组合。详图的线型要求与剖面图一样。在详图中,对屋面、楼面和地面的构造,应采用多层构造说明方法表示。

a.在勒脚部分,表示出房屋外墙的防潮、防水和排水的做法。

b.在楼板与墙身连接部分,应表明各层楼板(或梁)的搁置方向与墙身的关系。

c.在檐口部分,表示出屋顶的承重层、女儿墙、防水及排水的构造。

此外,表示出窗台、自过梁(或圈梁)的构造情况。一般应注出各部位的标高、高度方向和墙身细部的大小尺寸。图中标高注写有两个或几个数字时,有括号的数字表示相邻上一层的标高。同时,注意用图例和文字说明表达墙身内外表面装修的截面形式、厚度及所用的材料等。

⑦楼梯详图。

用比例1:50,绘制出各层楼梯平面图、楼梯剖面图。用1:10比例绘制台阶节点详图,栏杆扶手节点详图等。

（2）几项具体意见

①图纸用手工绘制。

②要进行合理的图面布置（包括图样、图名、尺寸、文字说明及技术经济指标），做到主次分明、排列均匀紧凑、线型分明、表达清晰、投影关系正确，符合制图标准。

③绘图顺序，一般是先平面，然后剖面、立面和详图；先用硬铅笔打底稿，落笔要轻，全部完成后再加深或上墨；同一方向或同一线型的线条相继绘出，先画水平线（从上到下），后画铅直线或斜线（从左到右）；先画图，后注写尺寸和说明。一律采用工程字体书写，以增强图面效果。

（3）主要仪器设备名称型号或工具

丁字尺、三角板、绘图板、铅笔、橡皮、小刀等。

（4）成绩评定

分两部分考核，以图纸部分为主。

①图纸部分评分标准共分为五级。

优：内容完整，建筑构造合理，投影关系正确，图面工整，符合制图标准，图纸无明显错误。

良：根据上述标准有一般性小错误，图面基本工整，小错误在10个以内。

中：根据上述标准，没有大错误，小错误累计在15个以内，图面表现一般。

及格：根据上述标准，一般性错误累计15个以上者，或有两个原则性大错误，图面表现较差。

不及格：有三个以上原则性大错误，如定位轴线不对；剖面形式及空间关系处理不对；结构支承搭接关系不对；建筑构造处理不合理；图纸内容不齐全；平面、立面、剖面及详图不协调等。

②实训总结部分评分标准共分为五级。

优：结合自己一个星期的设计绘图工作，与同组成员之间的相互交流，内容真实，体会深刻。字体标准（长仿宋字）页面清楚。

良：字体标准，页面清楚，但体会不深刻。

中：字体不是很标准，页面不是很干净，体会一般。

及格：体会与别人雷同，页面模糊，字体不标准。

不及格：不写体会或者寥寥数语，应付了事。

注：考勤3次不到者记不及格。

（5）设计参考资料建议

①《房屋建筑学》教材，武汉理工大学出版社。

②《房屋建筑学实训》教材，中国水利水电出版社。

③新版《建筑设计资料集》第3本。

④《房屋建筑学》课程设计任务书及指导书。

⑤《建筑识图与构造》教材的施工图部分。

⑥地方有关民用建筑构、配件标准图集。

⑦《房屋建筑制图统一标准》（GB/T 50001—2010）。

⑧《住宅设计规范》（GB 50096—2011）。

（6）注意事项

①各小组设计的初稿须在周日前完成，经指导老师认可后，可进行下一步设计。

②各小组成员要及时沟通设计思路，要求全员参与，避免出现个别同学不参与讨论而直接抄袭组员成果的现象。

③设计时，严禁组与组间的成员来回嬉闹，组员间可小声讨论，声音应控制在本组成员听到为宜。

（7）说明

①在教学条件受专业资料等多种因素所限的情况下，可由教师提供参考图或初定部分内容，要求学生经过小组讨论完成任务书上所规定的工作量，加上规定统一封面，再装订成册。

②可由教师给定其他方案或学生选定方案后，再进行施工图设计。

附表 《建筑识图与构造》技能考核:项目/任务考核表

学生姓名		班级		学号		组号			课程名称:《建筑识图与构造》				

项目名称							任务分值							
							1	2	3	4	5	6	7	8

学生学习情况自评	序号	内容	标准	权重								
	1	你对本项目的学习兴趣和投入程度	A.很高 B.较高 C.中等 D.一般 E.极差	10%								
	2	你在本项目的学习过程中课堂纪律情况	A.很好 B.较好 C.中等 D.一般 E.极差	10%								
	3	根据你现有的基础你能很好完成本项目的学习吗?	A.能 B.基本能 C.经过努力能 D.不能	10%								
	4	你在本项目的学习过程中努力情况	A.很努力 B.较努力 C.中等努力 D.一般努力 E.不努力	10%								
	5	你对本项目的教学内容掌握程度	A.熟练掌握 B.较好掌握 C.基本掌握 D.没有掌握	10%								
	6	你对本项目成果的评价	A.优秀 B.良好 C.中 D.及格 E.不及格	50%								
		自评成绩	折合成绩(占10%)									

学生学习情况互评	序号	内容	标准	权重								
	1	该同学在本项目学习时课堂纪律情况	A.很高 B.较高 C.中等 D.一般 E.极差	10%								
	2	该同学在本项目学习时作业完成情况	A.很高 B.较高 C.中等 D.一般 E.极差	10%								
	3	该同学与同学之间合作态度或独立学习能力	A.很高 B.较高 C.中等 D.一般 E.极差	10%								
	4	"5S"情况:整理、整顿、清扫、清洁、习惯	A.很高 B.较高 C.中等 D.一般 E.极差	10%								
	5	该同学本项目成果的评价	A.优秀 B.良好 C.中 D.及格 E.不及格	60%								
		互评成绩	折合成绩(占10%)									

教师评价	序号	内容	标准	权重								
	1	学习态度:遵守课堂纪律,认真思考,勇于提出问题	A.很高 B.较高 C.中等 D.一般 E.极差	10%								
	2	项目完成情况:按时、独立完成项目作任务	A.很高 B.较高 C.中等 D.一般 E.极差	10%								
	3	能力水平提高:能较好掌握所学知识、技能;运用本课程知识提出、分析、解决问题能力得到加强	A.很高 B.较高 C.中等 D.一般 E.极差	10%								
	4	独立学习能力及团队协作意识:独立学习能力较强;团队协作意识强,能积极参与、分工合作	A.很高 B.较高 C.中等 D.一般 E.极差	10%								
	5	对本项目成果的评价	A.优秀 B.良好 C.中 D.及格 E.不及格	60%								
		教师评价成绩	折合成绩(占80%)									
		任务总分										
		项目总分										

注:A:90~100分、B:80~90分、C:70~80分、D:60~70分、E:60分以下(各评分处均打分数)。

参 考 文 献

[1] 魏艳萍.建筑识图与构造(含配套习题)[M].北京:中国电力出版社,2010.

[2] 张小平.建筑识图与构造(含配套习题)[M].武汉:武汉理工大学出版社,2013.

[3] 聂洪达,郐恩田.房屋建筑[M].北京:北京大学出版社,2012.

[4] 中华人民共和国住房和城乡建设部.GB/T 50001—2010 房屋建筑制图统一标准[S].北京:中国建筑工业出版社,2011.

[5] 中华人民共和国住房和城乡建设部.GB 50096—2011 住宅设计规范[S].北京:中国计划出版社,2012.

[6] 中国建筑标准设计研究院.11G101—1 混凝土结构施工图平面整体表达方法制图规则和构造详图(现浇混凝土框架、剪力墙、梁、板).北京:中国计划出版社,2011.

[7] 中国建筑标准设计研究院.11G101—2 混凝土结构施工图平面整体表达方法制图规则和构造详图(现浇混凝土板式楼梯).北京:中国计划出版社,2011.

[8] 中国建筑标准设计研究院.11G101—3 混凝土结构施工图平面整体表达方法制图规则和构造详图(独立基础、条形基础、筏形基础及桩基承台).北京:中国计划出版社,2011.

附图 1

某新建筑工程传达室施工图

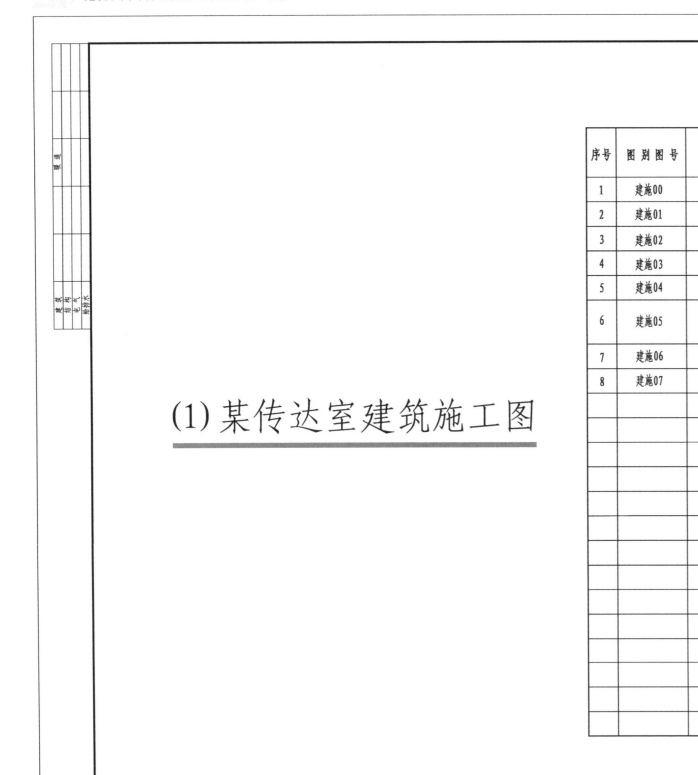

建 筑 设 计 总 说 明

一、本工程施工图根据设计委托书和地质勘测报告、规划设计条件、建筑红线及《民用建筑设计通则》(GB 50352—2005)、《建筑设计防火规范》(GB 50016—2006),有关国家现行建筑设计标准进行设计。

二、本工程为××燃油锅炉厂新建工程传达室,耐火等级为二级,为戊类建筑,抗震烈度为6度4级,结构设计合理使用年限为50年,屋面防水等级为三级,总建筑面积64m²。

三、本工程单体室内地坪±0.000标高相当于绝对标高(黄海标高)现场定。

四、本工程所注尺寸除标高及总图以米计外,其余均以毫米为单位。

五、为了便于各种管道穿过基础、墙身、梁柱、楼板及屋面板,施工单位均应按照土建图纸参照设备图纸施工,凡φ100以上的设备管道穿墙及楼板时,均需预留孔洞或预埋套管,不得现凿。

六、室内墙面、柱面粉刷阳角处,应在两侧先做宽50,厚15,高不小于1800的1:2水泥砂浆隐护角后再做面层。踢脚高度均为150mm,做法同所在楼地面面层做法。

七、凡混凝土表面抹灰,均应对基层采取凿毛或洒1:0.5水泥砂浆(内掺黏结剂)。

八、所有隔墙砌至结构梁板底,不同砌体材料需在交接处用宽不小于200的钢板网加强后再粉刷。

九、墙身防潮:-0.05处20厚1:2防水水泥砂浆。

十、填充墙不同墙体连接处均应按构造配置拉结钢筋。

十一、现浇钢筋混凝土楼板表面应随浇随抹平整,现浇钢筋混凝土墙应保持垂直度,随浇随纠偏。

十二、消火栓、电表箱、配电箱等留洞同墙厚者,背面均做钢丝网粉刷,网宽每边应大于孔洞200。

十三、凡室内露明排水管、消防立水管等均用立砖加钢丝网粉刷封墙。检修口处留240×240活门口。

十四、卫生间等周边墙体内侧(除门外)均应在浇捣楼板时用素混凝土或梁翻上200高,屋面与墙体交接处均应在浇捣楼板时用素混凝土或梁翻上350高。

十五、凡不同楼地面材料,均在门扇位置分界。

十六、凡露明金属构件均应先做防锈漆两道,再做面漆。所有金属、木材面油漆颜色及内外墙饰面材料颜色必须试样,经设计单位同意后,方可施工。所有木构件、木装修应做防火、防腐及防治白蚁处理。

十七、门窗详见门窗表,外门窗铝合金窗框及玻璃为铝合金单框5mm白色玻璃窗,生产厂家务必按规定的风压强度进行核算或测试,门窗所用小五金配件均按图集配齐。所有门窗立面仅为示意图,施工时厂家需提供立面分隔大样及构造做法,经业主及设计认可后方可施工。

十八、屋面有组织排水,PVC管φ100白色,接口要求严密,并做封水试验,且配全铸铁篦板,底层设检查口等构件,雨水斗采用99浙15(P29)。雨水管位置具体以水施为主。

十九、窗台低于900高的外墙均安装不锈钢防护栏杆,花饰另定。

二十、本工程室外工程中道路、给排水、电力通信、燃气等市政综合设计、园林绿化、小品、水系等内容不属本次施工图范围,以上内容将另行出图。

二十一、建筑装修按详图要求施工,设计未明确部分待二次装修定。

二十二、具体建筑工程做法详见各单体说明。

二十三、本工程说明未详尽之处以建施图为准,并应按国家现行有关规范、规程、规定执行。

二十四、屋面(平屋面技术要求参99浙J14)

平屋面:40厚C25细石混凝土内配双向φ4@150,3厚SBS一道,20厚1:2水泥砂浆,40厚轻集料混凝土找坡,现浇钢筋混凝土屋面板。

二十五、楼地面

防滑地砖地面:防滑地砖找坡地面(用于卫生用房)。

防滑地砖面层(见样定):纯水泥砂浆擦缝,纯水泥砂浆一道,8厚1:2水泥砂浆结合层(内掺5%抗渗王I型),12厚1:3水泥砂浆找坡(内掺10%抗渗王I型),40厚C20细石混凝土,70厚C15混凝土垫层,80厚压实碎石素土夯实。

抛光地砖地面:

抛光地砖面层(见样定):纯水泥砂浆擦缝,纯水泥砂浆一道,8厚1:2水泥砂浆结合层(内掺5%抗渗王I型),12厚1:3水泥砂浆找坡(内掺10%抗渗王I型),40厚C20细石混凝土,100厚C20混凝土垫层,80厚压实碎石素土夯实。

二十六、内墙

内墙1:涂料内墙面
白色涂料两度,满刮腻子两道,8厚1:2水泥砂浆单面抹光,12厚1:3水泥砂浆打底扫毛。

内墙2:瓷砖内墙面(用于卫生间)
瓷砖面砖(见样定)至吊顶底,8厚1:2水泥砂浆结合层(内掺5%抗渗王II型),12厚1:3水泥砂浆打底扫毛。

内墙3(踢脚线):150高抛光砖,10厚1:2水泥砂浆结合层,12厚1:3水泥砂浆打底扫毛。

二十七、外墙(颜色搭配见效果图)
真石漆(颜色见效果图),10厚1:2.5水泥砂浆面(内掺5%抗渗王II型),15厚1:3水泥砂浆打底,240厚混凝土砖。(分割线做样板定)

二十八、散水
600宽、60厚C15混凝土撒1:1水泥砂子压实赶光,与勒脚交接处及纵向每10m左右分缝,缝宽20,沥青胶泥嵌缝,80厚碎石灌M2.5水泥石灰砂浆,素土夯实向外坡3%。

二十九、顶棚
顶棚涂料两道,批刮腻子两道,5厚1:1:6水泥细纸筋石灰砂浆单面,12厚1:1:6水泥纸筋石灰砂浆打底,现浇混凝土楼板底。

三十、吊顶
办公区卫生间吊顶均采用塑料扣板吊顶,顶高2400。

××建筑设计有限公司		审 定		兴建单位	××燃油锅炉厂			
		审 核		工程名称	新建工程传达室		合同号	
		校 对					图别	建施
签字齐全 盖章有效		设 计		图 名	建筑设计总说明		图号	01
		制 图					日 期	

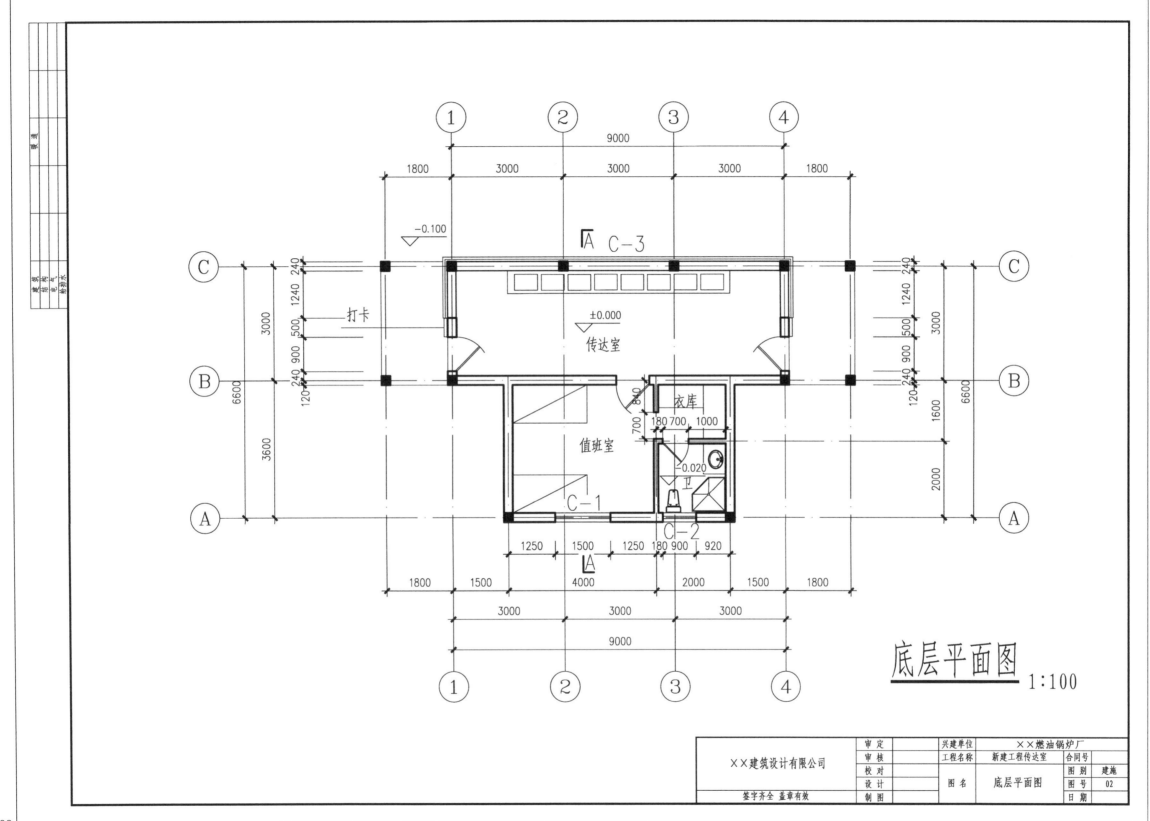

底层平面图 1:100

××建筑设计有限公司		审定		兴建单位	××燃油锅炉厂		
		审核		工程名称	新建工程传达室	合同号	
		校对				图别	建施
		设计		图名	底层平面图	图号	02
签字齐全 盖章有效		制图				日期	

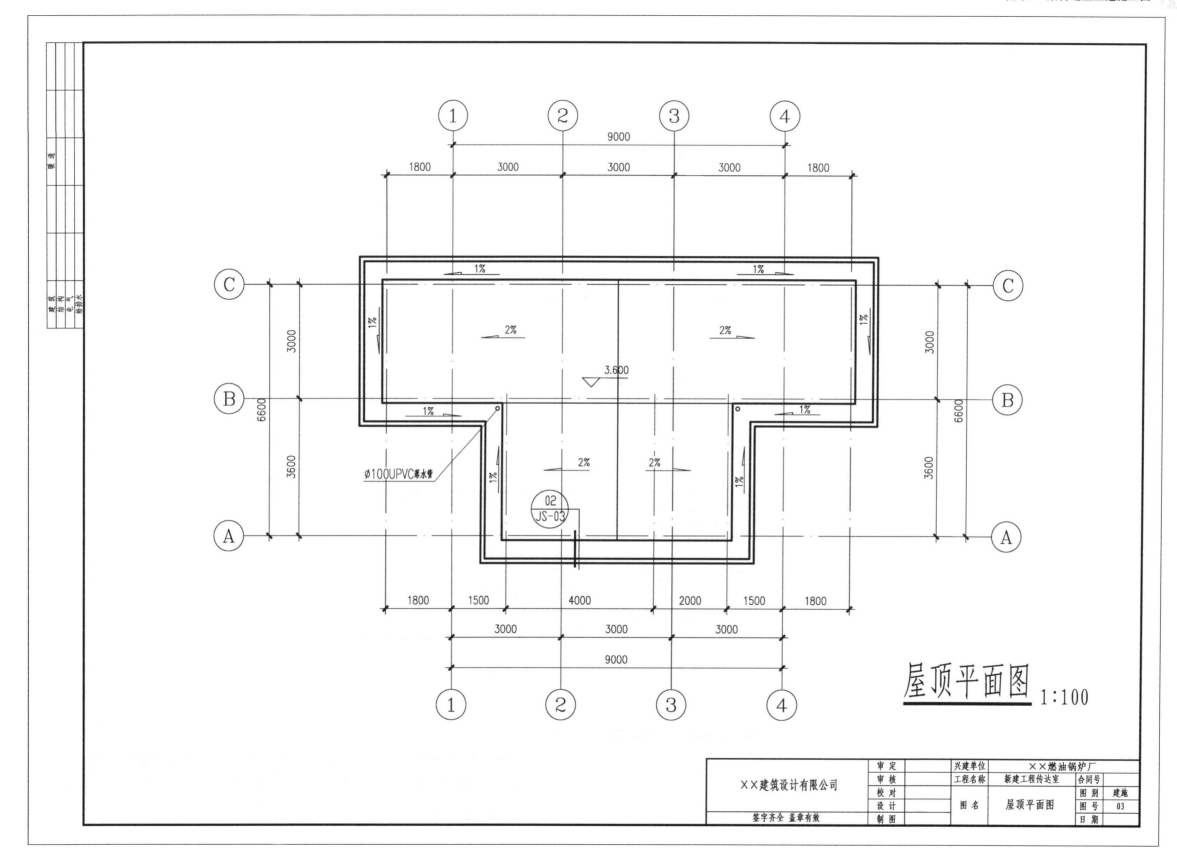

屋顶平面图 1:100

		审 定		兴建单位	××燃油锅炉厂		
		审 核		工程名称	新建工程传达室	合同号	
××建筑设计有限公司		校 对				图别	建施
		设 计		图 名	屋顶平面图	图号	03
签字齐全 盖章有效		制 图				日期	

建筑识图与构造技能训练手册(第二版)

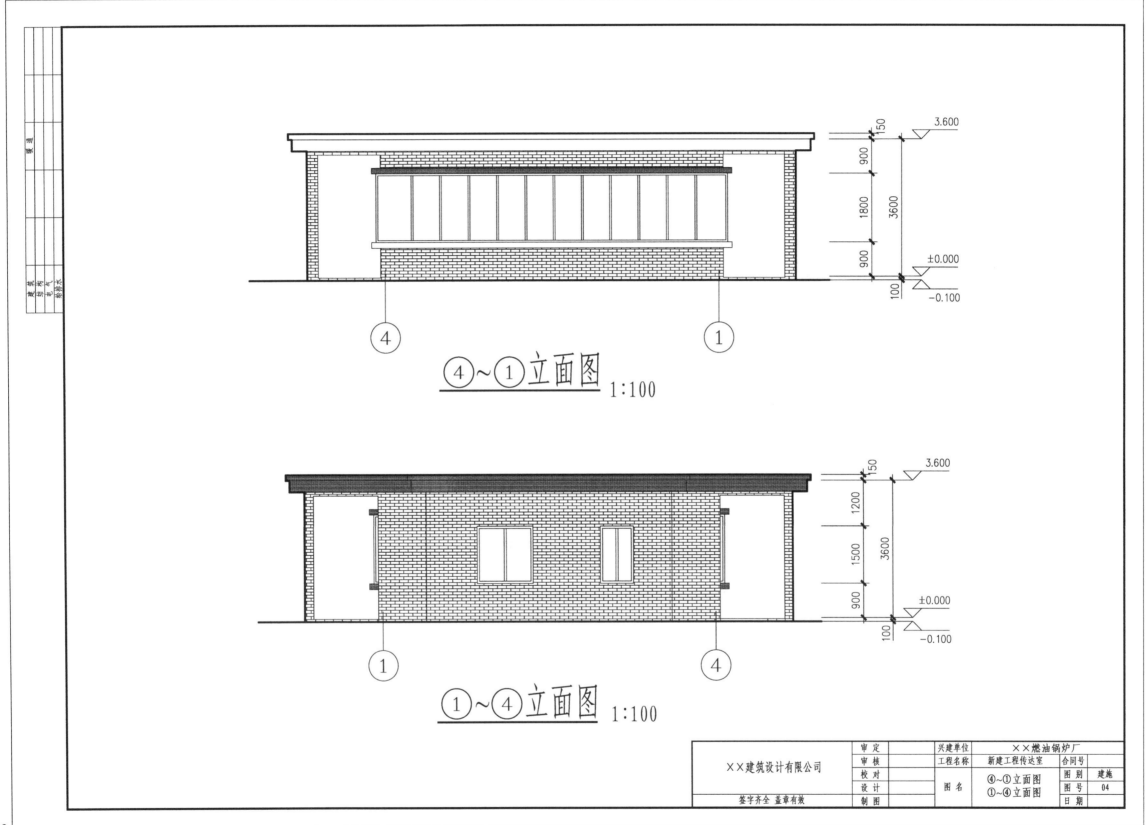

④~①立面图 1:100

①~④立面图 1:100

102

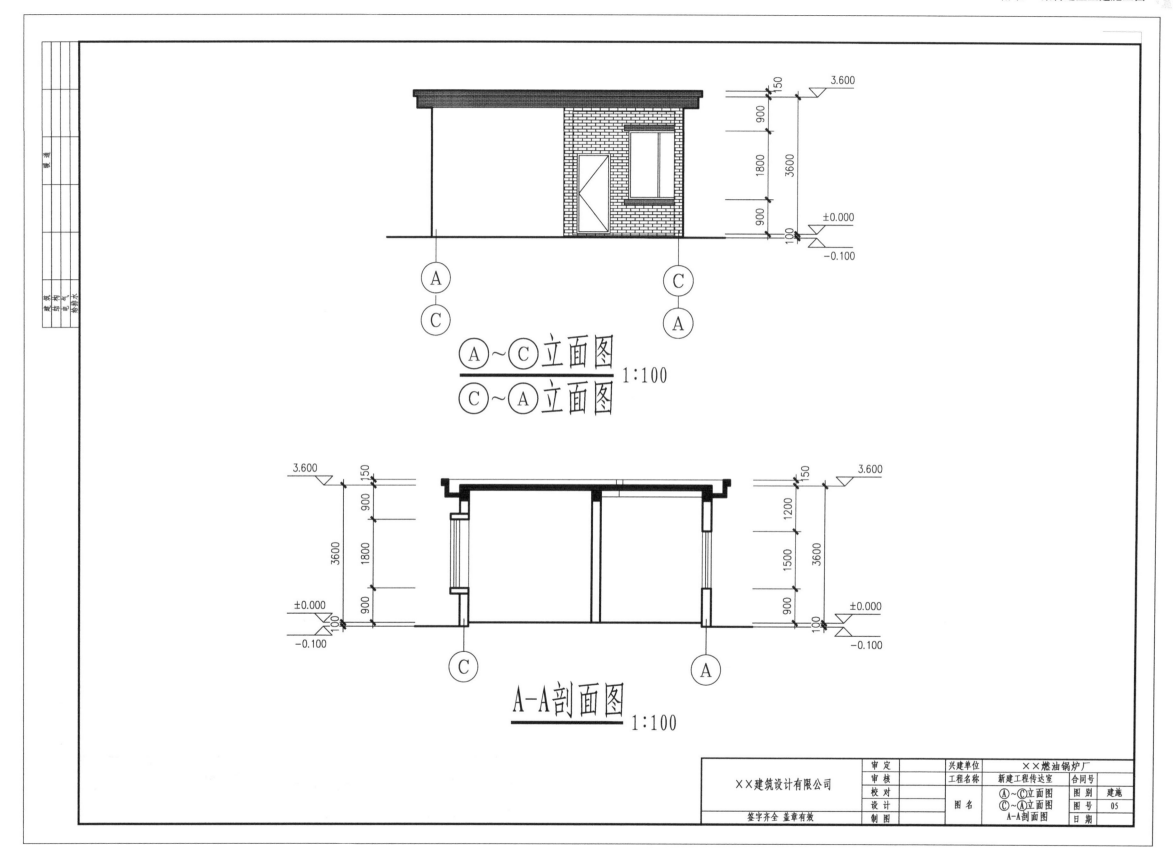

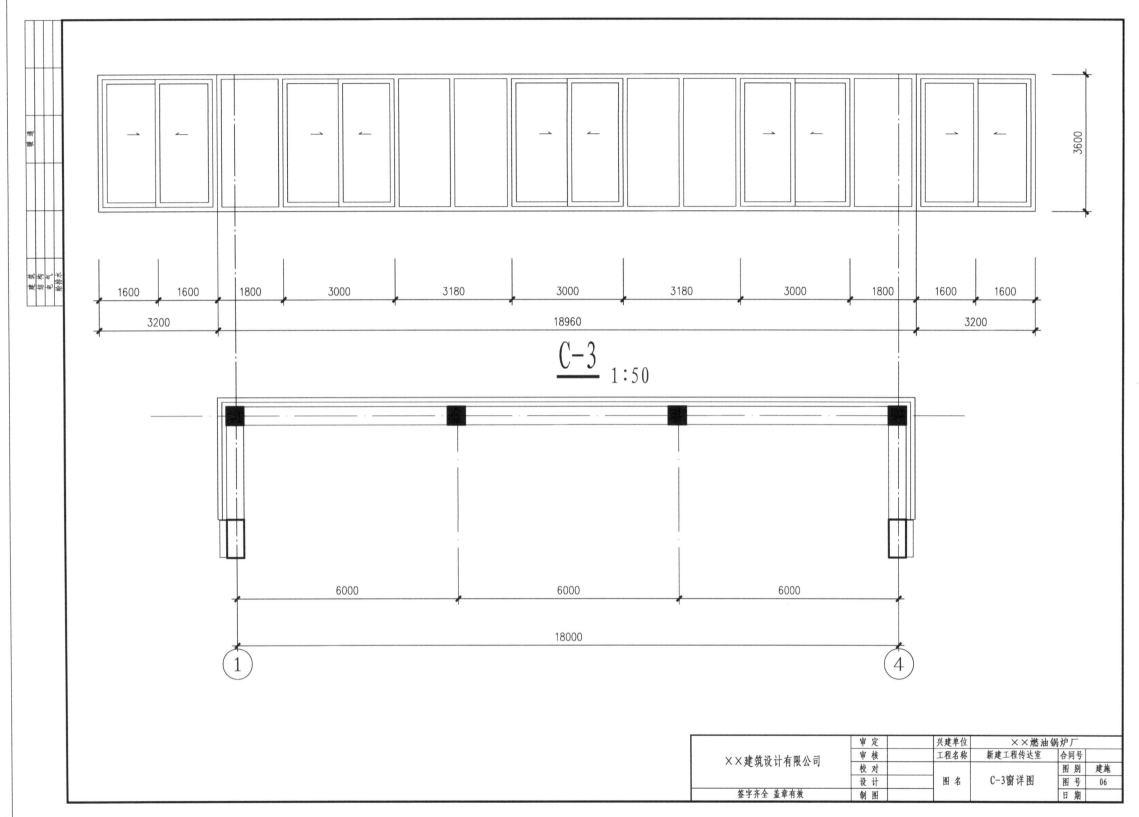

$$\underline{C-3}\ 1:50$$

C-3窗详图

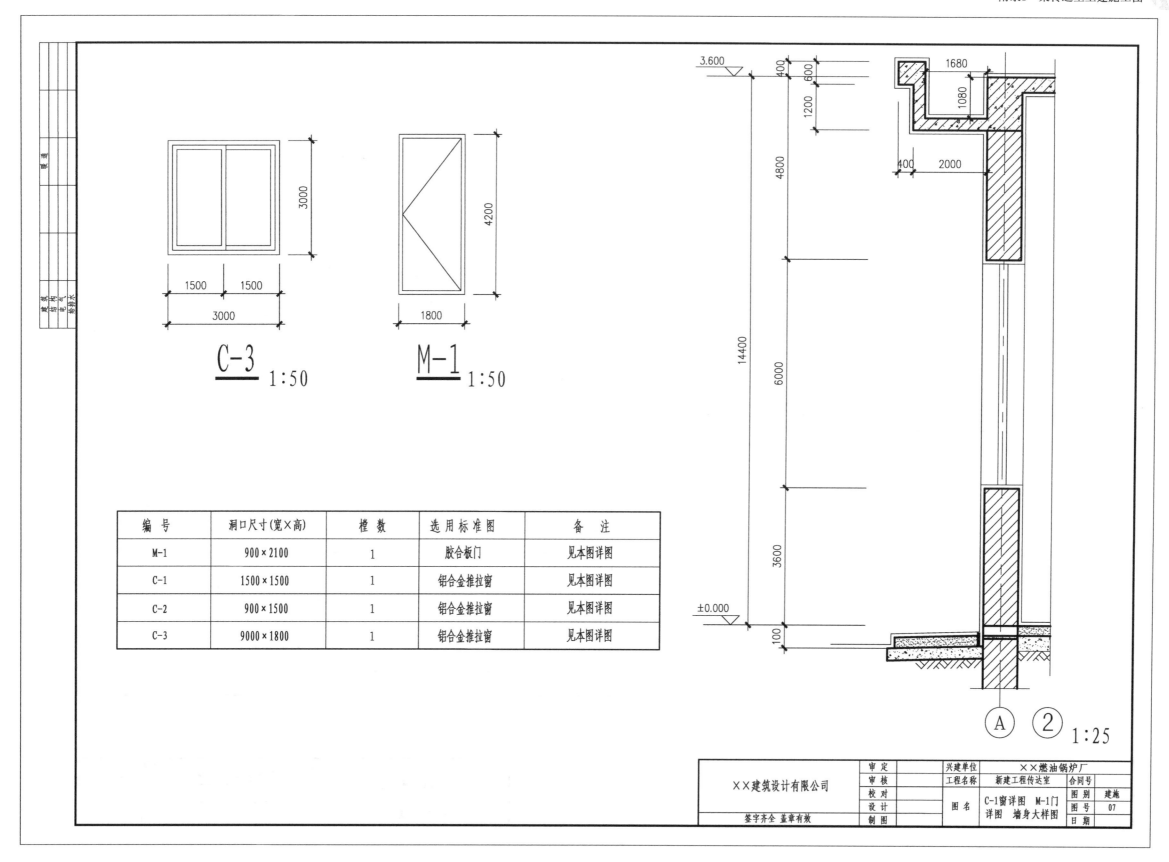

$$\underline{C-3} \quad 1:50$$

$$\underline{M-1} \quad 1:50$$

编 号	洞口尺寸(宽×高)	樘 数	选用标准图	备 注
M-1	900×2100	1	胶合板门	见本图详图
C-1	1500×1500	1	铝合金推拉窗	见本图详图
C-2	900×1500	1	铝合金推拉窗	见本图详图
C-3	9000×1800	1	铝合金推拉窗	见本图详图

××建筑设计有限公司	审 定		兴建单位	××燃油锅炉厂		
	审 核		工程名称	新建工程传达室	合同号	
	校 对		图 名	C-1窗详图 M-1门	图 别	建施
	设 计				图 号	07
签字齐全 盖章有效	制 图			详图 墙身大样图	日 期	

(2)某传达室结构施工图

结构施工图图纸目录

| 序号 | 图别图号 | 图 纸 名 称 | 图纸尺寸 | 采用标准图或重复使用图 | | 备注 |
				图集编号或工程编号	图别编号	
1	结施00	图纸目录	A4	11G101-1	1本	
2	结施01	基础结构平面图	A4	11G101-1	1本	
3	结施02	基础详图	A4	11G101-1	1本	
4	结施03	基础顶~3.300柱平法施工图	A4	11G101-1	1本	
5	结施04	屋面梁平法施工图	A4	11G101-2	1本	
6	结施05	屋面楼板配筋图	A4	11G101-2	1本	
7	结施06	节点配筋图	A4	11G101-2	1本	

××建筑设计有限公司	审 定		兴建单位	××燃油锅炉厂			
	审 核		工程名称	新建工程传达室	合同号		
	校 对		图 名	图纸目录	图 别	结施
	设 计				图 号	00
签字齐全 盖章有效	制 图				日 期	

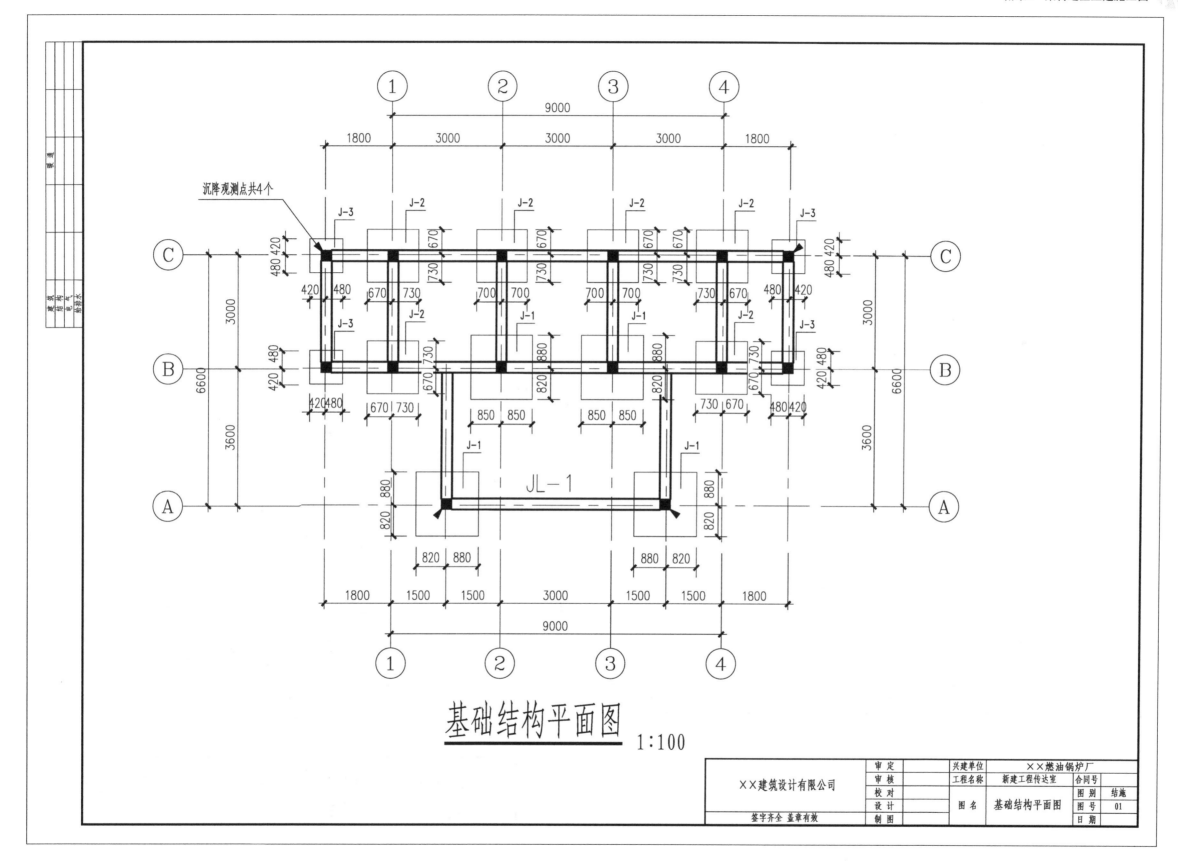

基础结构平面图 1:100

××建筑设计有限公司	审 定		兴建单位	××燃油锅炉厂		
	审 核		工程名称	新建工程传达室	合同号	
	校 对				图别	结施
	设 计		图 名	基础结构平面图	图号	01
签字齐全 盖章有效	制 图				日 期	

说明:
1. 本工程根据浙江省浙南综合工程勘察测绘院2010年1月提供的拟建筑物岩土工程详细勘察报告,采用钢筋混凝土柱下独立基础以第二层粉质黏土层作为持力层。
   地基承载力特征值$f_a=100kN/m^2$,若基底为杂填土或土层软弱,则应挖除,采用砂石垫层(内掺30%碎石)回填至基底标高,分层加水振实(每层虚铺300mm厚),压实系数0.97。
2. 本工程±0.000相当于黄海高程待定。
3. 本工程地基设计等级为丙级。
4. 图中未注明地梁均为JL-2。
5. 本图中基础、地梁及上部结构混凝土构件均采用C25混凝土。
6. 详图中Φ为HPB235钢筋、Φ为HRB335钢筋。
7. 平面中"▲"表示沉降观测点位置,共4个。
8. 图中未详处见新建工程2号车间结构设计总说明

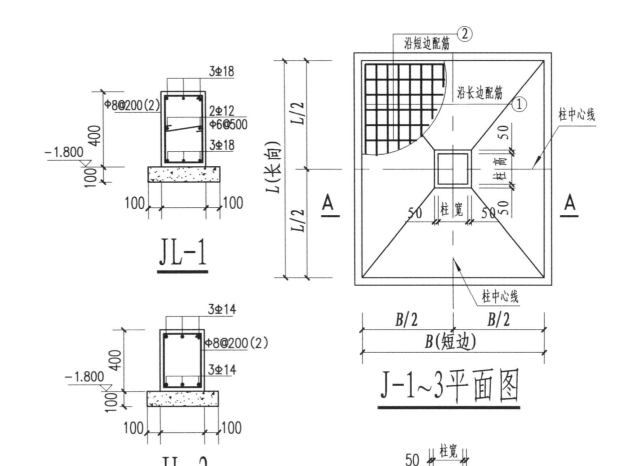

JL-1

JL-2

J-1~3平面图

J-1~3:

基础编号	短边长度B	长边长度L	沿长边配筋①	沿短边配筋②	h	h_1	h_2
J-1	1700	1700	Φ12@200	Φ12@200	350	350	
J-2	1400	1400	Φ12@200	Φ12@200	350	350	
J-3	900	900	Φ12@200	Φ12@200	350	350	

A-A

××建筑设计有限公司	审 定		兴建单位	××燃油锅炉厂		
	审 核		工程名称	新建工程传达室	合同号	
	校 对				图别	结施
	设 计		图 名	基础详图	图号	02
签字齐全 盖章有效	制 图				日期	

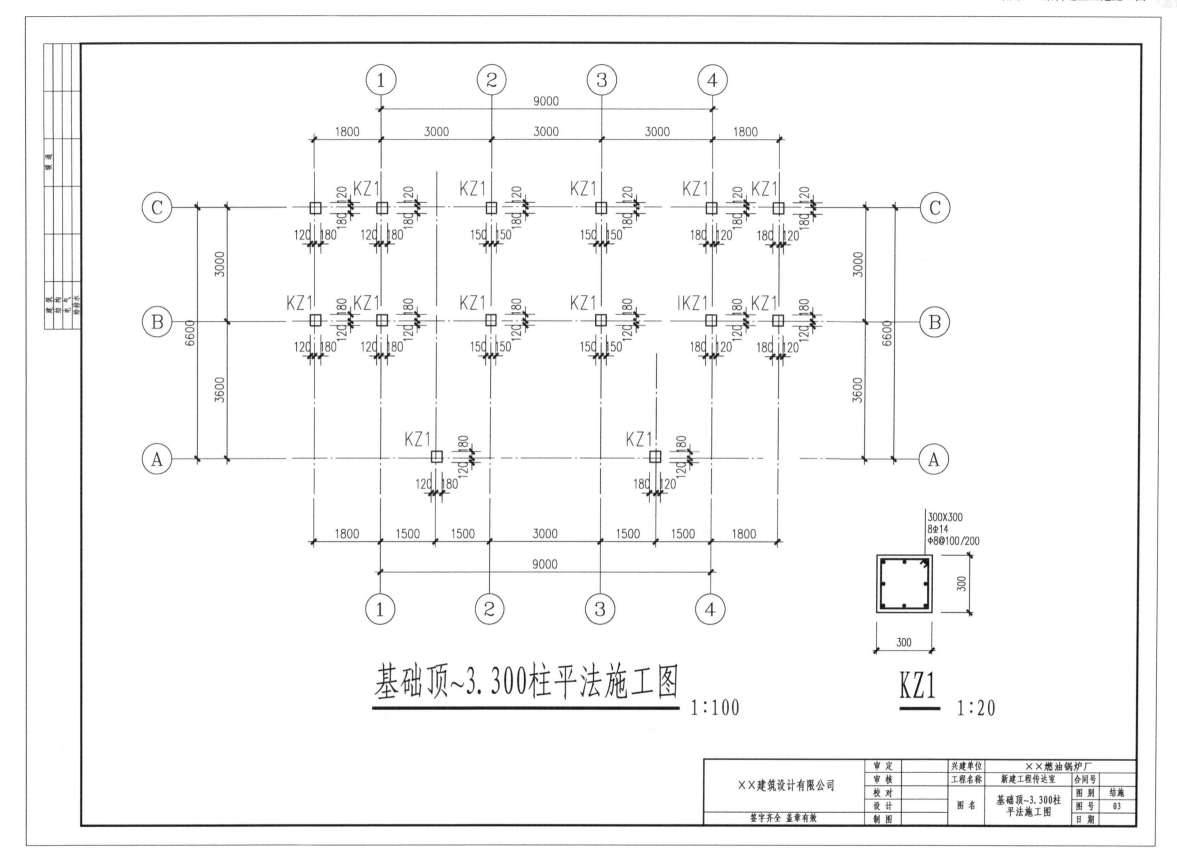

基础顶~3.300柱平法施工图
1:100

KZ1
1:20

	审 定	兴建单位	××燃油锅炉厂	合同号		
××建筑设计有限公司	审 核	工程名称	新建工程传达室			
	校 对			图别	结施	
	设 计	图 名	基础顶~3.300柱平法施工图	图号	03	
	制 图			日期		

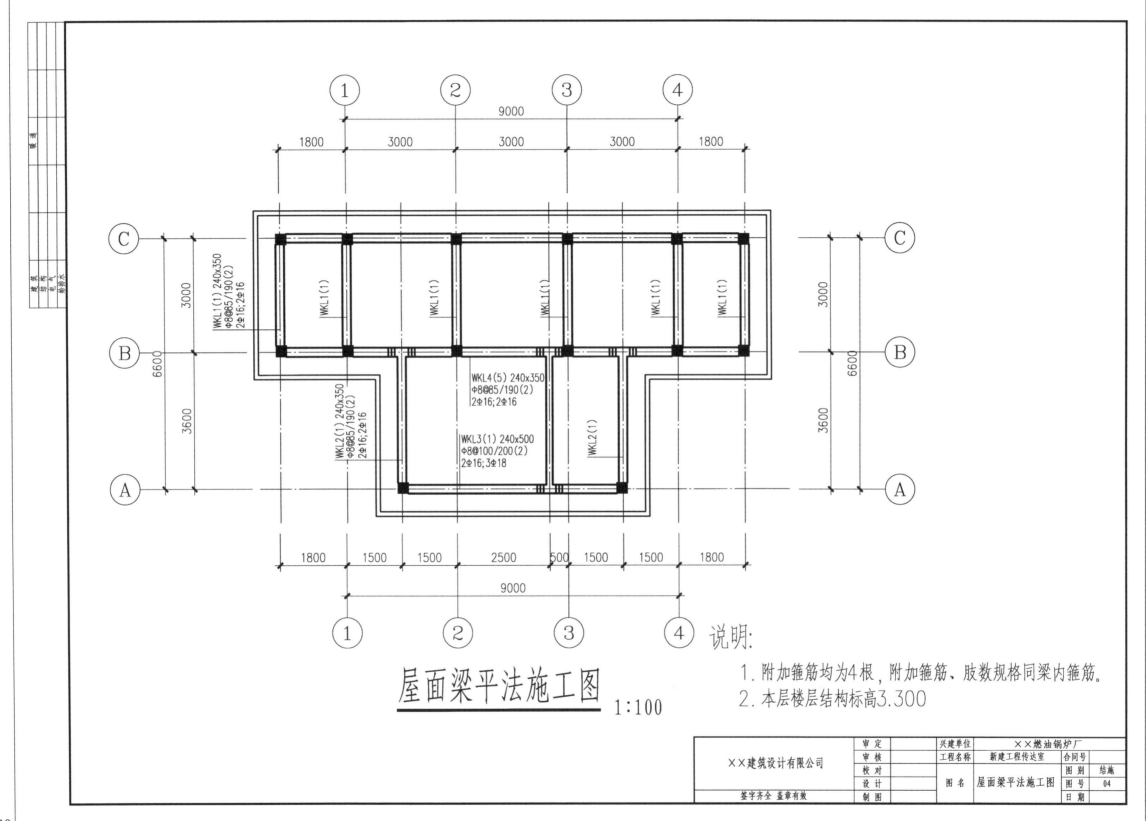

屋面梁平法施工图 1:100

说明:
1. 附加箍筋均为4根,附加箍筋、肢数规格同梁内箍筋。
2. 本层楼层结构标高3.300

××建筑设计有限公司	审 定	兴建单位	××燃油锅炉厂		
	审 核	工程名称	新建工程传达室	合同号	
	校 对			图 别	结施
	设 计	图 名	屋面梁平法施工图	图 号	04
签字齐全 盖章有效	制 图			日 期	

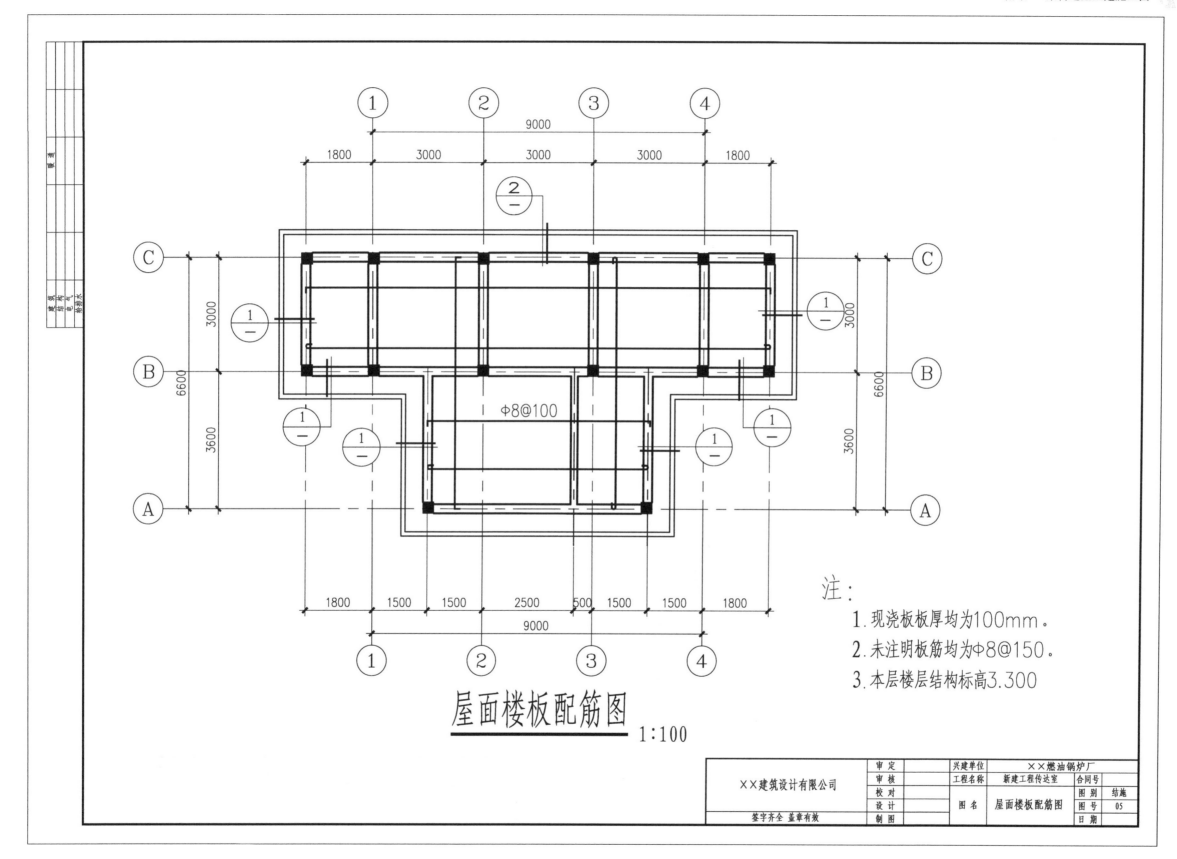

屋面楼板配筋图 1:100

注：
1.现浇板板厚均为100mm。
2.未注明板筋均为Φ8@150。
3.本层楼层结构标高3.300

××建筑设计有限公司

签字齐全 盖章有效

审定		兴建单位	××燃油锅炉厂		
审核		工程名称	新建工程传达室	合同号	
校对		图名	屋面楼板配筋图	图别	结施
设计				图号	05
制图				日期	

111

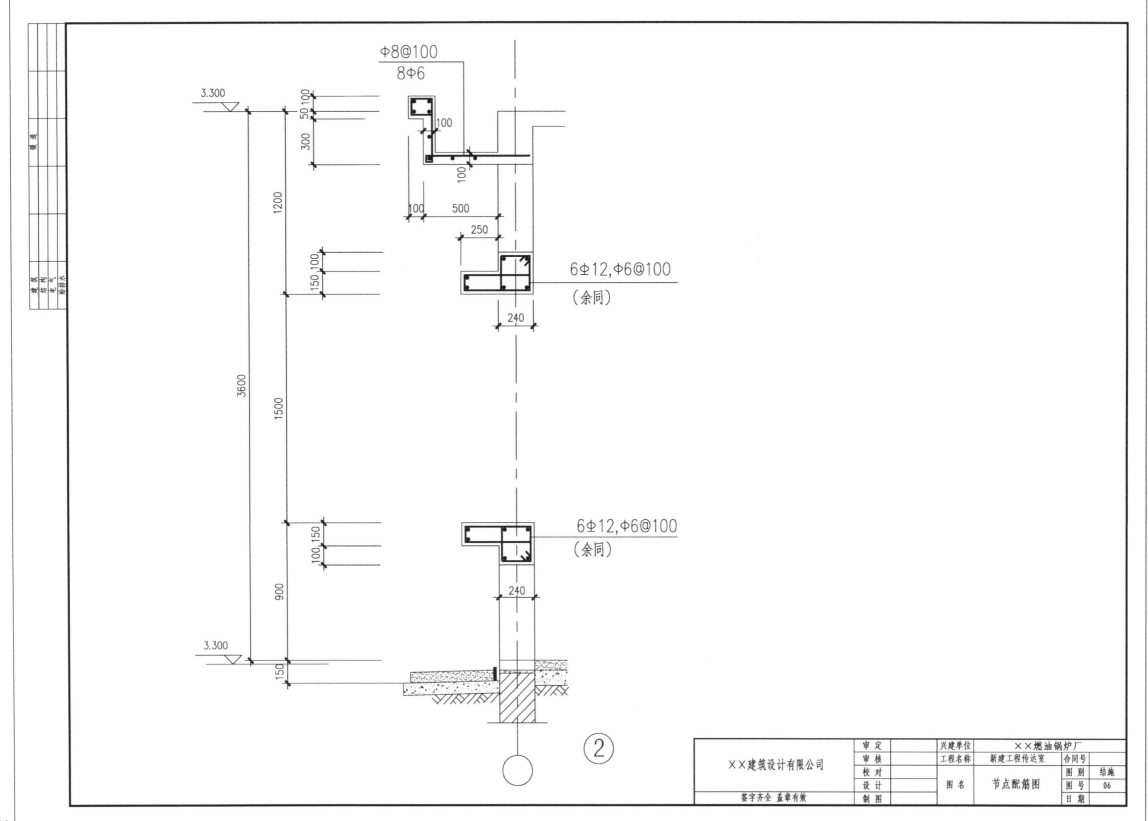

附图 2

某厂房土建施工图

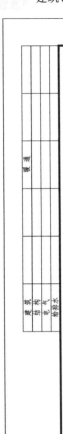

建筑施工图图纸目录

序号	图别图号	图 纸 名 称
1	建施00	图纸目录
2	建施01	建筑说明　电梯选型表　门窗汇总表　室内、外装修做法表
3	建施02	一层平面图
4	建施03	二层平面图
5	建施04	三、四层平面图
6	建施05	五层平面图
7	建施06	屋面、电梯机房层平面图
8	建施07	①~⑪轴立面图
9	建施08	⑪~①轴立面图
10	建施09	楼梯、电梯机房屋面平面图　卫生间平面布置图　C1、C2　Ⓐ~Ⓓ轴立面图　1-1剖面图
11	建施10	节点大样图
12	建施11	1号楼梯详图
13	建施12	2号楼梯详图
14	建施13	Ⓐ外墙墙身详图　楼梯栏杆详图　电梯剖面图

(1)某厂房建筑施工图

××建筑设计有限公司	审定	兴建单位	××工程公司		
	审核	工程名称	某厂房	合同号	
	校对			图别	建施
	设计	图名	图纸目录	图号	00
签字齐全 盖章有效	制图			日期	

建筑说明

一、设计依据
(1)东发计＿＿＿＿＿＿＿＿＿＿文件。
(2)东规局＿＿＿＿＿＿＿＿＿＿文件。
(3)东公消＿＿＿＿＿＿＿＿＿＿文件。
(4)甲方提出的设计任务书及可行性研究报告。
(5)《总图制图标准》(GB/T 50103—2010)。
(6)《建筑制图标准》(GB/T 50104—2010)。
(7)《民用建筑设计通则》(GB 50352—2005)。
(8)《工业企业总平面设计规范》(GB 50187—2012)。
(9)《建筑设计防火规范》(GB 50016—2014)。

二、工程概况
(1)工程名称：＿＿＿＿＿＿＿＿。
　建设地点：＿＿＿＿＿＿＿＿。
　建设单位：＿＿＿＿＿＿＿＿。
　设计主要内容：＿＿＿＿＿＿。
(2)本工程总建筑面积：1788.32 m²，本工程建筑基底总面积：344.10 m²。
(3)建筑类别：丙类厂房。
(4)建筑层数：地上 五 层，建筑高度 18.900 m。
(5)建筑结构形式为 框架 结构。
　合理使用年限为 50 年，抗震设防烈度为 <6 度。
(6)建筑物耐火等级为 二 级，建筑防火类别 三 类；
　屋面防水等级为 二 级。

三、设计标高
(1)本工程±0.000相当于绝对标高为 15.000 m，比室外地坪高 0.300m。
(2)各层标注标高为建筑完成面标高，屋面标高为结构面标高。
(3)本工程标高以m为单位，总平面图尺寸以m为单位，其他尺寸以mm为单位。

四、墙体工程
(1)墙体的基础部分详见结施图。
(2)需做基础的隔墙除有要求者外，均随混凝土垫层做元宝基础，上底宽500mm，下底宽300mm，高300mm；位于楼层的隔墙可直接安装于结构梁(板)面上。
(3)墙身防潮层：在室内地坪下约50处做20厚1:2水泥砂浆内加3%~5%防水剂的墙身防潮层(在此标高为钢筋混凝土构造，或下为砖石结构时可不做)，室内地坪标高变化处防潮层应重叠搭接 150mm，并在有高低差土一侧的墙身做20厚1:2水泥砂浆防潮层，如埋土一侧为室外，还应加 丙烯酸酯防水涂料。
(4)墙体留洞及封堵：
　①钢筋混凝土墙上的留洞见结施和设备图。
　②砌体墙预留洞见建施和设备图。
　③预留洞的封堵：混凝土的封堵见结施，其余砌体墙留洞待管道设备安装完毕后，用C20细石混凝土填满夯实；变形缝双墙之间的留洞的封堵，应在双墙内侧增设套管，套管与穿墙管之间嵌堵 聚氨酯建筑密封膏。

五、屋面工程
(1)本工程的屋面防水等级为 二 级，防水合理使用年限为 15 年，做法为 见节点详图。
(2)屋面做法及屋面节点大样索引见结施图，屋面平面图、露台、屋檐等见各层平面图及详图。
(3)屋面排水组织见屋面平面图，内外排水雨水管见水施图，雨水管采用 φ100PVC。

六、门窗工程
(1)建筑外门窗抗风压性能分级为 5级，气密性能分级为 3级，水密性能分级为 3级，保温性能分级为 6级，隔热性能分级为 6级，隔声性能分级为 6级。
(2)门窗玻璃的选用应遵照《建筑玻璃应用技术规程》和《建筑安全玻璃管理规定》发改运行(2003)2116号及地方主管部门的有关规定。
(3)门窗立面均表示洞口尺寸，门窗加工尺寸要按照装修面厚度由承包商予以调整。
(4)外门立樘详墙身节点图，内门窗立樘除图中另有注明者外，门立樘位置为 内侧平 设门槛，门槛高为 300 mm，管道竖井门设门槛。
(5)门窗选料、颜色、玻璃见：门窗表附注，门窗五金件要求为 不锈钢配件。
(6)防火墙和公共出疏散用的平开防火门应安装闭门器，双扇平开防火门安装闭门器和顺序器，常开防火门须安装信号控制闭和反馈装置。

七、外装修工程
(1)外装修设计及做法索引见立面图及外墙详图。
(2)外装修选用的各项材料其材质、规格、颜色等，均由施工单位提供样板，经建设和设计单位确认后封样，并据此验收。

八、内装修工程
(1)内装修工程执行《建筑内部装修设计防火规范》，楼地面部分执行《建筑地面设计规范》，一般装修见室内装修做法表。
(2)楼地面构造交接处和地坪高度变化处，除图中另有注明者外均位于齐平门扇开启处。
(3)凡设有地漏房间应做地坪水层，图中未注明整个房间做坡度者，均在地漏周围1m范围内做1%~2%坡度坡向地漏；有水房间的楼地面应低于相邻房间大于20mm或做挡水槛，靠水内侧墙中楼地面上翻混凝土挡水，高200mm，宽120mm，C20混凝土。
(4)防静电、防震、防腐蚀、防爆、防辐射、防尘、屏蔽等特殊装修，做法详见相关图集。
(5)内装修选用的各项材料，均由施工单位提供样板，经建设和设计单位确认后封样，并据此验收。

九、油漆涂料工程
(1)室内装修所采用的油漆涂料见室内装修做法表。
(2)外木(钢)门窗油漆选用 本色 醇酸磁 漆，做法为 一底两度；内木门窗油漆选用 本色 醇酸磁 漆，做法为 一底两度（含门套构造）。
(3)楼梯平台护窗钢栏杆选用 银白 色 醇酸磁 漆，做法为 一底两度（钢构件除锈后先刷防锈漆两遍）。
(4)木质手油漆选用 本色 醇酸磁 漆，做法为 一底两度。
(5)室内外露明金属件的油漆刷防锈漆两遍后，再做同室内外部位相同颜色的 调和 漆，做法为 一底两度。
(6)各种油漆涂料，均由施工单位提供样板，经建设和设计单位确认后封样，并据此验收。

十、建筑设备、设施工程
(1)工程电梯设计，选型见电梯选型表，电梯对建筑技术要求见电梯图。
(2)卫生洁具、成品隔断由建设单位与设计单位商定，并由施工配合。
(3)灯具、送回风口等影响美观的器具须经建设单位与设计单位确认样后，方可大批量加工。安装。

十一、其他施工中注意事项
(1)图中所选用标准图中有对应结构工种的预埋件，预留洞本图所标注的各种留洞与预埋件与各工种密切配合后，确认无误方可施工。
(2)两种材料的墙体交接处，应根据饰面材质在做饰面前面钉金属网或在施工中加贴玻璃丝网格布，防止裂缝。
(3)预埋木砖及贴邻墙体的木质面均做防腐处理，露明铁件均做防锈处理。
(4)楼板留洞待设备管线安装完毕后，用C20细石混凝土封堵密实；管道竖井每 隔 层进行封堵。
(5)施工中应严格执行国家各项施工验收规范。

附注：
(1)踢脚高度均为：120mm。
(2)图中所注防水涂料均为：丙烯酸防水涂膜(2厚)。
(3)卫生间板面高于相邻房间楼面标高30mm，淋浴部位四周墙做1.5厚丙烯酸防水涂膜防水层至窗顶上150mm。
(4)所有窗台低于900mm的，均做1050mm高不锈钢护栏。

电梯选型表

名称	电梯载质量(kg)	额定速度(m/s)	停层	站数	提升高度(m)	台数	备注
载货电梯	2000	0.5	5	5	15.000	1	

门窗汇总表

类别	设计编号	洞口尺寸(mm) 宽	洞口尺寸(mm) 高	樘数	采用标准图集及编号 图集代号	采用标准图集及编号 编号	备注
门	M0721	700	2100	10	浙J2-93		板材采用实木门扇，框料需经防火浸渍剂处理
	M1221	1200	2100	1	浙J2-93		
	M1521	1500	2100	2	浙J2-93		
	乙级MFM1321	1300	2100	10	浙J23-95		乙级防火门
	乙级MFM1512	1500	2100	2	浙J23-95		
窗	C1			16	99浙J7		香槟色铝合金型材5厚白色浮珠玻璃
	C2			64	99浙J7		
	LTC0912	900	1200	1	99浙J7		
	LTC0918	900	1800	1	99浙J7		
	LTC1218	1200	1800	1	99浙J7		
	LTC2118	2100	1800	7	99浙J7		

室内、外装修做法表

层数 房间名称	部位	楼地面 名称	楼地面 编号	踢脚 名称	踢脚 编号	内墙面 名称	内墙面 编号	顶棚 名称	顶棚 编号	备注
一层	车间	地面1	2000浙J37	踢1	2000浙J37	内墙1	浙85J801	顶棚1	浙85J801	面层设缝内墙涂料前基层须细拉毛顶棚涂料面
	卫生间	地面2	2000浙J37	踢2	2000浙J37	内墙1	浙85J801	顶棚1	浙85J801	
二三五层	车间	楼面1	2000浙J37	踢1	2000浙J37	内墙1	浙85J801	顶棚1	浙85J801	面层设缝内墙涂料前基层须细拉毛顶棚涂料面
	卫生间	楼面2	2000浙J37	踢2	2000浙J37	内墙1	浙85J801	顶棚1	浙85J801	
	楼梯间	楼面1	2000浙J37	踢1	2000浙J37	内墙1	浙85J801	顶棚1	浙85J801	楼梯踏面板增加设防滑条
室外基墙		外墙涂料面 15厚1:3水泥砂浆分层抹平 6厚1:2.5水泥砂浆细拉毛				外墙砖面 15厚1:3水泥砂浆分层抹平 6厚1:2水泥砂浆结层 内掺SN建筑胶结剂		花岗岩面板面 15厚1:3水泥砂浆分层抹平 清理基层、柱面布设φ6钢筋，用铁丝挂件 25~30厚1:2水泥砂浆灌缝，20厚花岗岩板面画草酸净蜡磨光			
柱、墙基墙		阳角部位：均用20厚1:水泥砂浆护角，每边50mm宽，高2000mm 面其他同层各做面									
电梯井道、管道井基层		15厚1:3水泥砂浆分层抹平 6厚1:2水泥砂浆找平层									

图签栏

×× 建筑设计有限公司	审定		兴建单位	×× 工程公司	
	审核		工程名称	某厂房	合同号
	校对		图名	建筑说明 电梯选型表 门窗汇总表 室内、外 装修做法表	图别 建施
	设计				图号 01
签字齐全 盖章有效	制图				日期

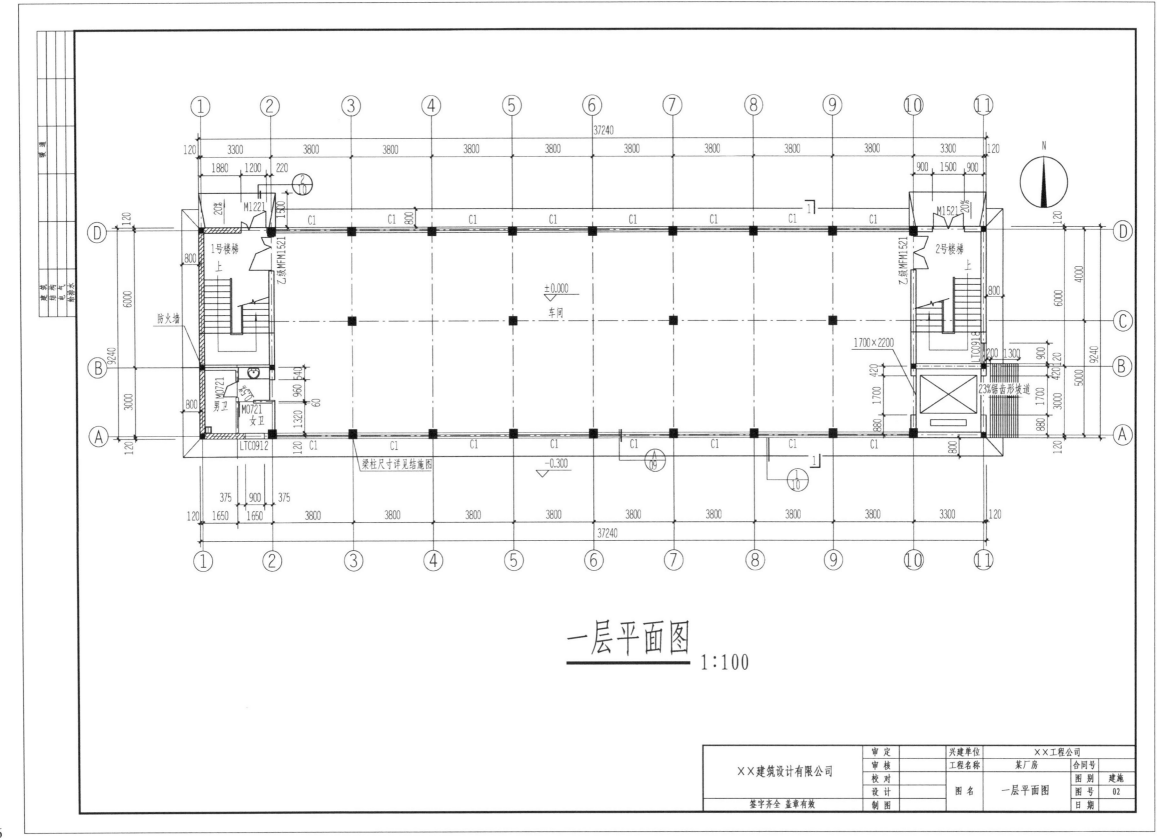

一层平面图
1:100

××建筑设计有限公司	审定		兴建单位	××工程公司		
	审核		工程名称	某厂房	合同号	
	校对		图名	一层平面图	图别	建施
	设计				图号	02
签字齐全 盖章有效	制图				日期	

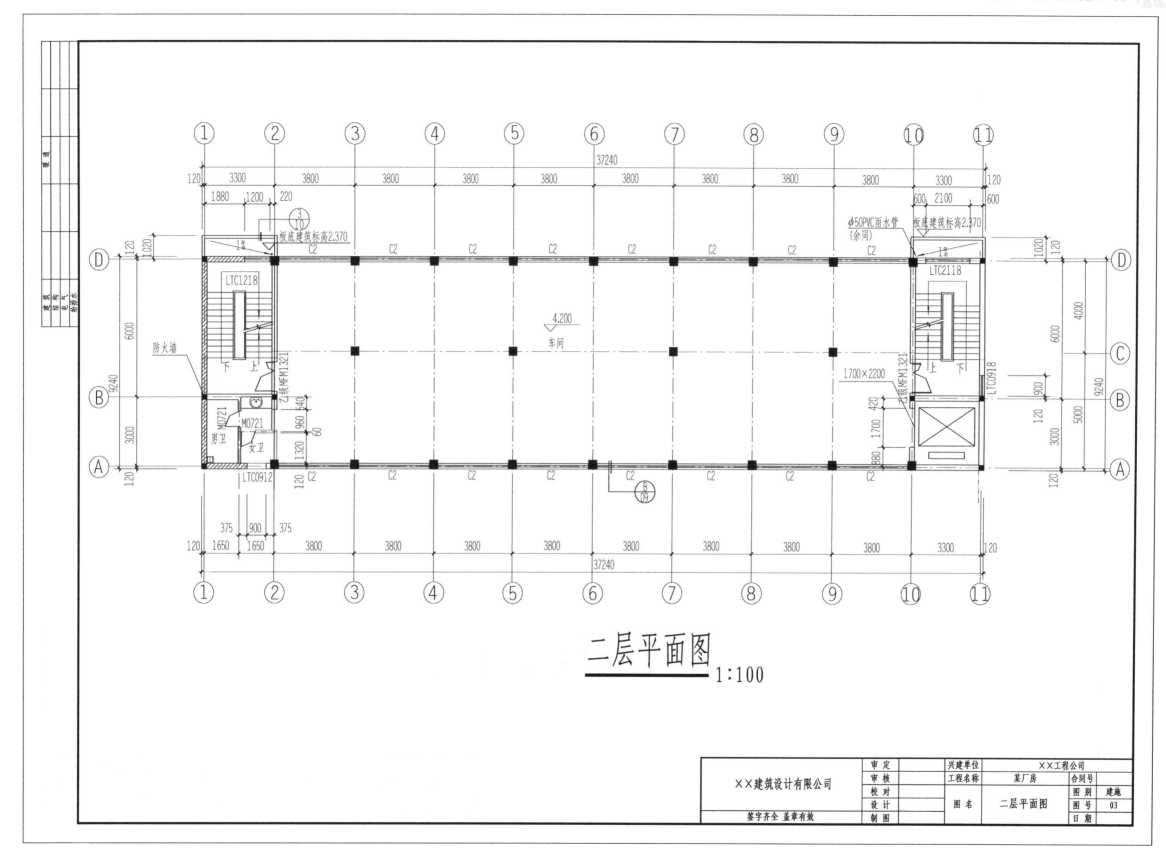

二层平面图
1:100

××建筑设计有限公司	审 定		兴建单位	××工程公司		
	审 核		工程名称	某厂房	合同号	
	校 对				图别	建施
	设 计		图 名	二层平面图	图号	03
签字齐全 盖章有效	制 图				日期	

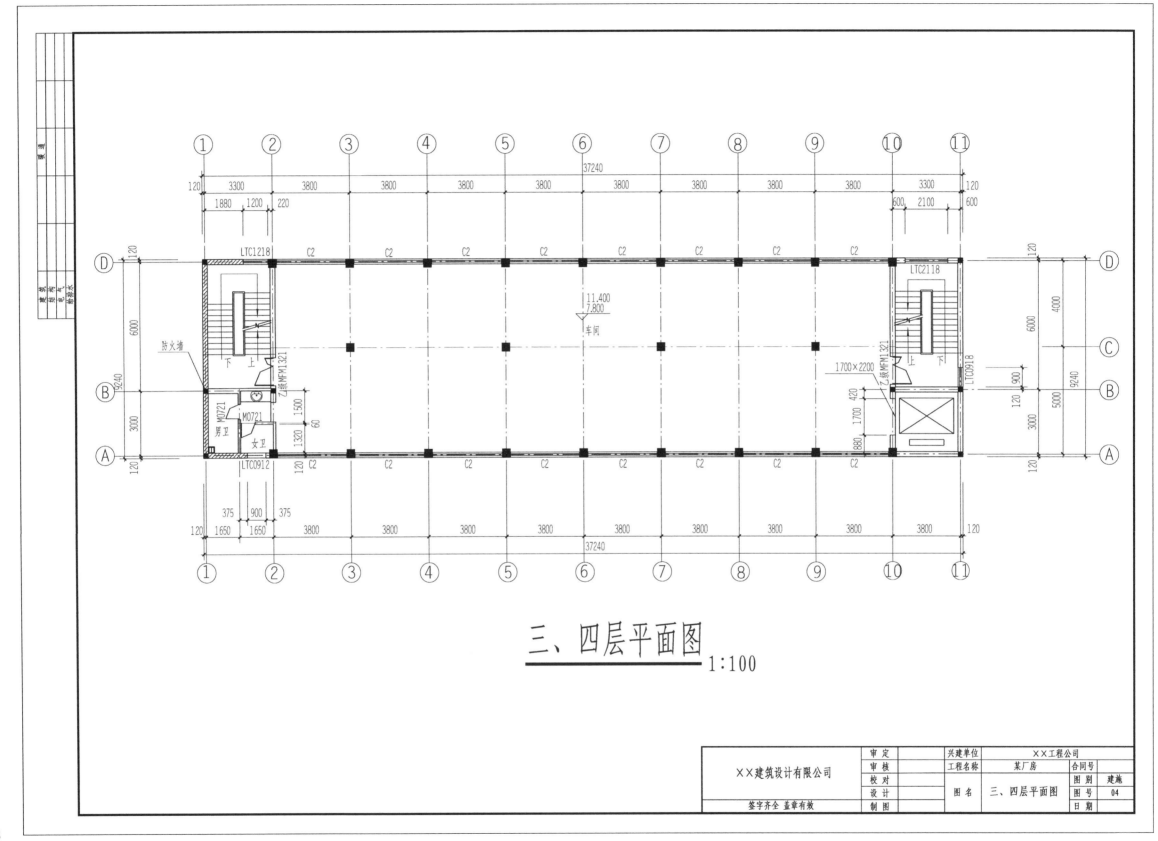

三、四层平面图
1:100

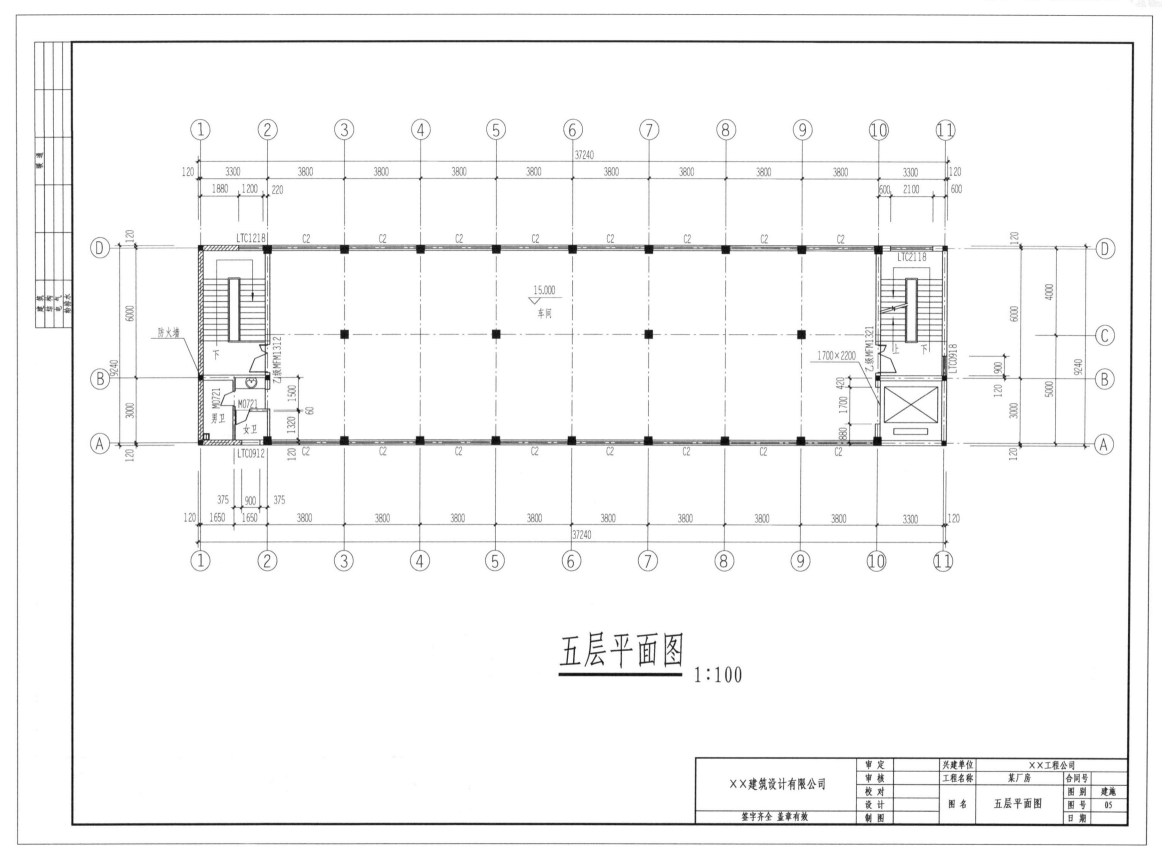

五层平面图
1:100

××建筑设计有限公司	审 定		兴建单位	××工程公司		
	审 核		工程名称	某厂房	合同号	
	校 对				图 别	建施
	设 计		图 名	五层平面图	图 号	05
签字齐全 盖章有效	制 图				日 期	

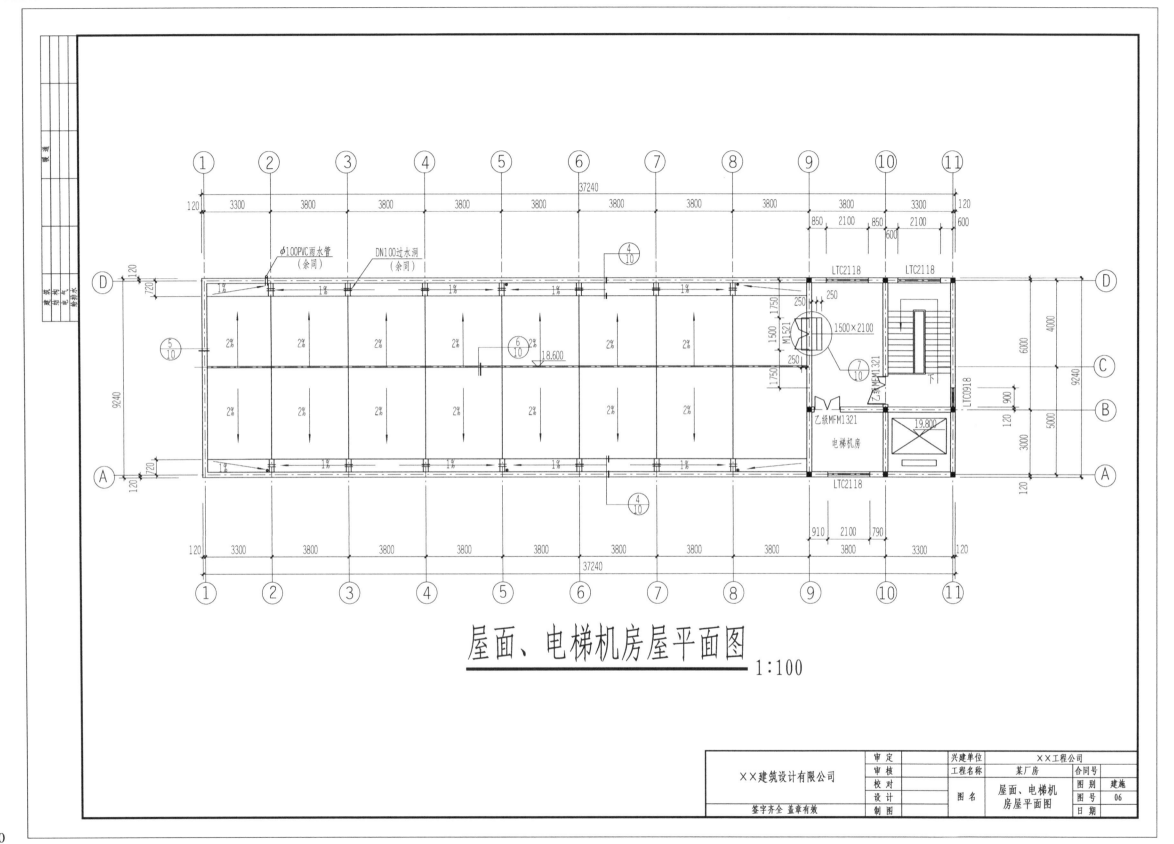

屋面、电梯机房屋平面图 1:100

××建筑设计有限公司	审定		兴建单位	××工程公司		
	审核		工程名称	某厂房	合同号	
	校对		图名	屋面、电梯机房屋平面图	图别	建施
	设计				图号	06
签字齐全 盖章有效	制图				日期	

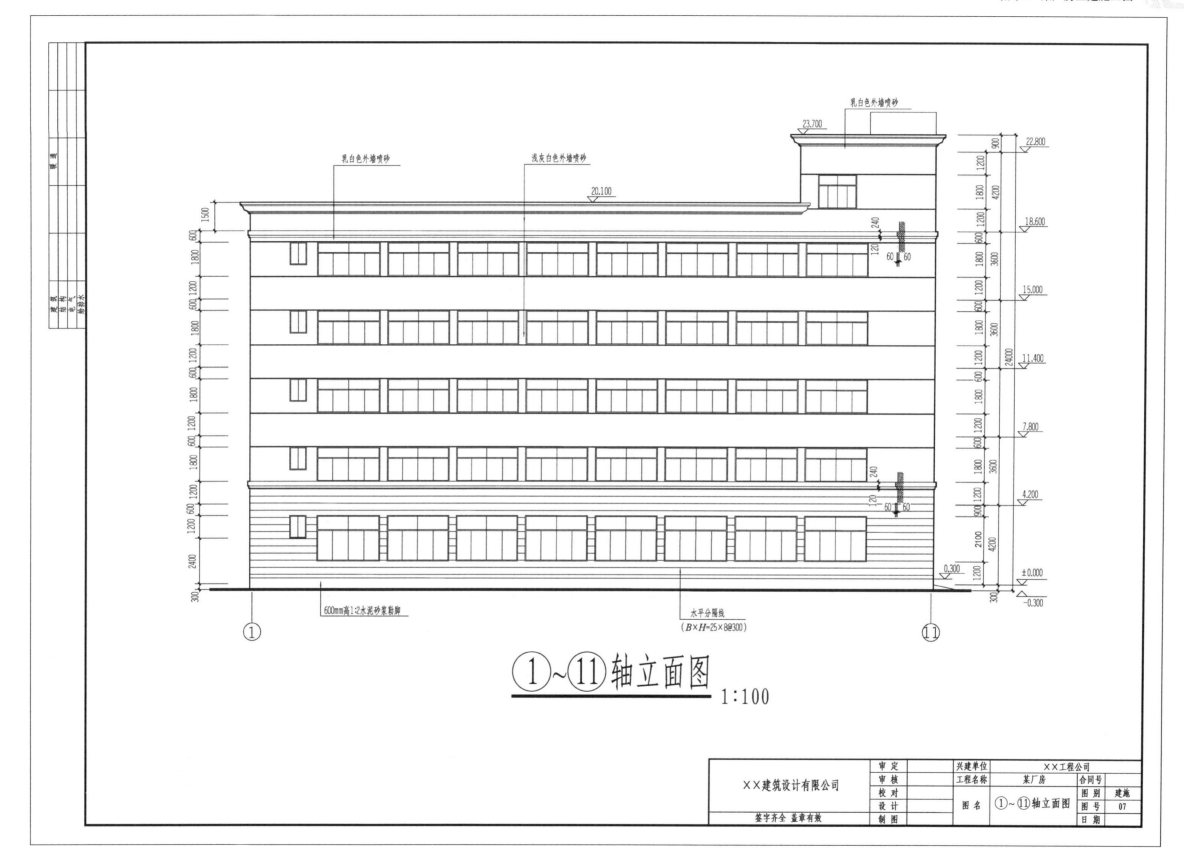

①~⑪轴立面图
1:100

乳白色外墙喷砂

乳白色外墙喷砂　　　浅灰白色外墙喷砂

600mm高1:2水泥砂浆勒脚

水平分隔线
（B×H=25×8@300）

××建筑设计有限公司	审 定		兴建单位	××工程公司		
	审 核		工程名称	某厂房	合同号	
	校 对				图别	建施
	设 计		图 名	①~⑪轴立面图	图号	07
签字齐全 盖章有效	制 图				日期	

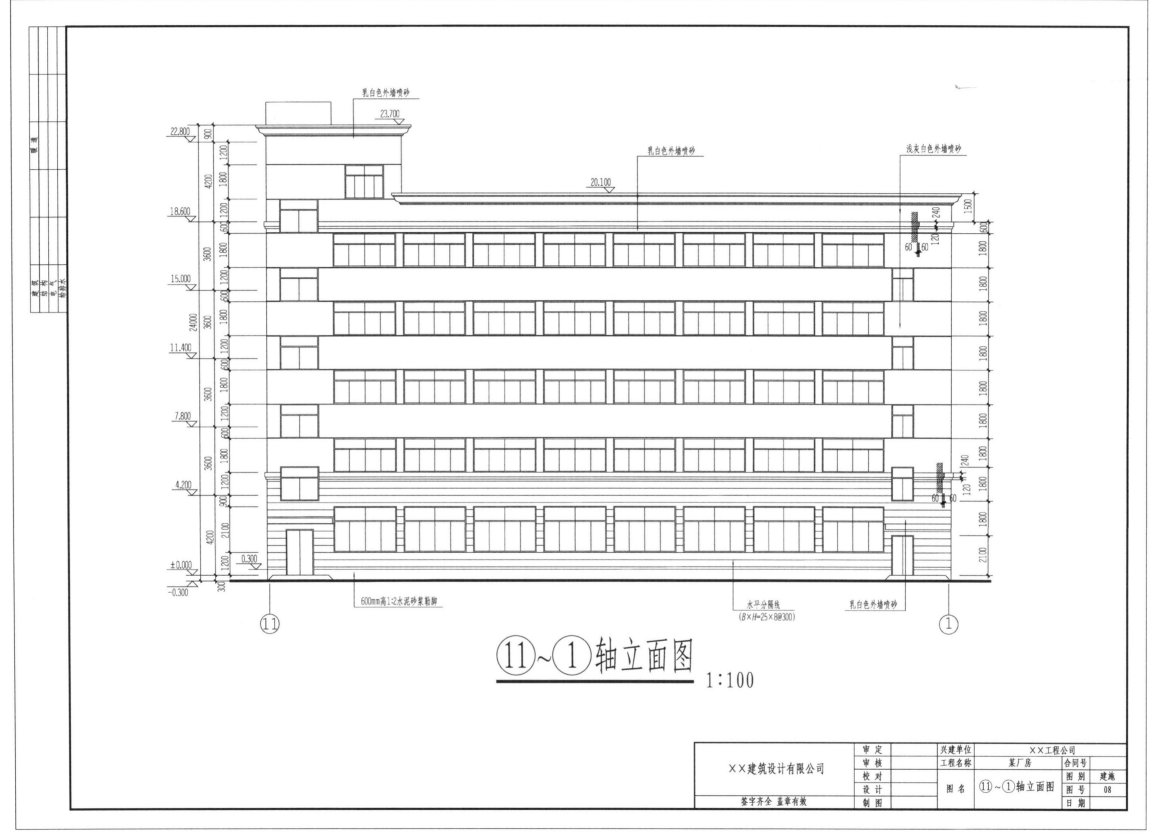

乳白色外墙喷砂

乳白色外墙喷砂

浅灰白色外墙喷砂

600mm高1:2水泥砂浆踢脚

水平分隔线
(B×H=25×8@300)

乳白色外墙喷砂

⑪~① 轴立面图
1:100

××建筑设计有限公司	审定		兴建单位	××工程公司			
	审核		工程名称	某厂房		合同号	
	校对					图别	建施
	设计		图名	⑪~①轴立面图		图号	08
签字齐全 盖章有效	制图					日期	

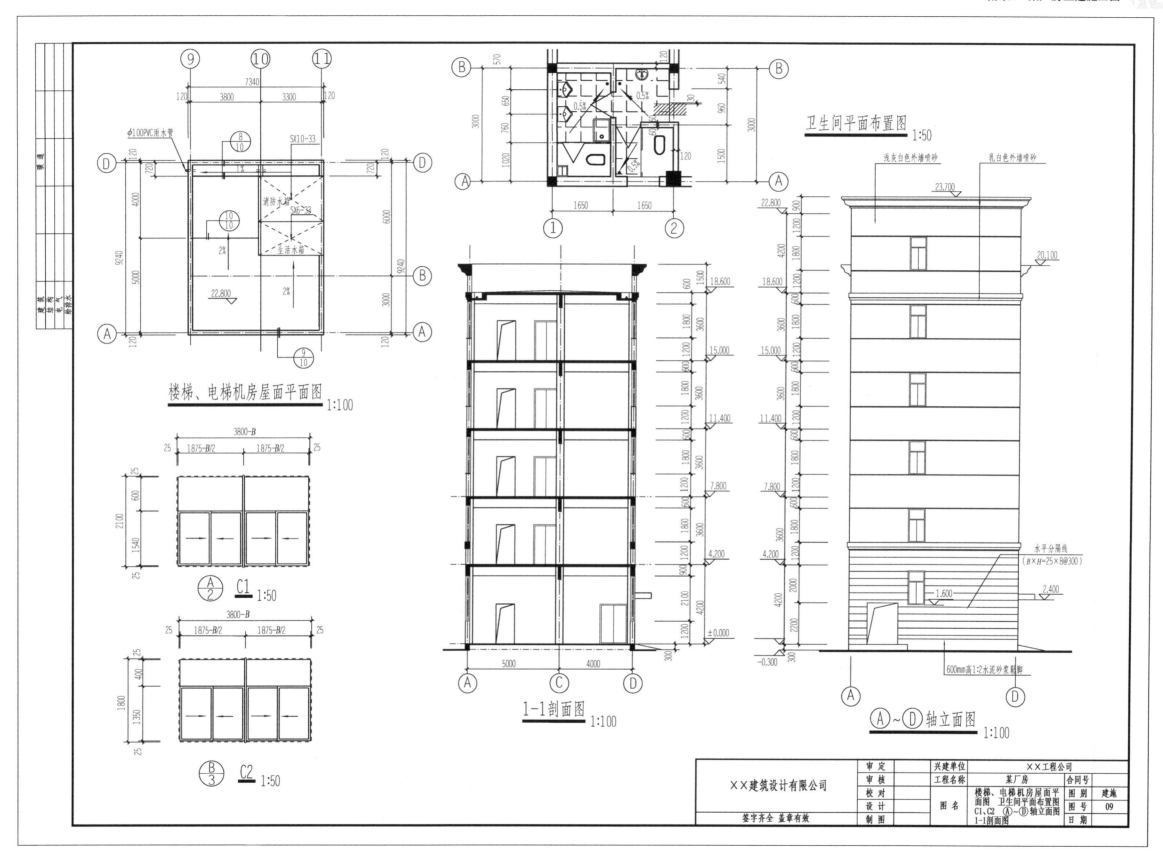

楼梯、电梯机房屋面平面图 1:100

$\dfrac{A}{2}$ C1 1:50

$\dfrac{B}{3}$ C2 1:50

卫生间平面布置图 1:50

1-1剖面图 1:100

Ⓐ～Ⓓ轴立面图 1:100

××建筑设计有限公司	审 定		兴建单位	××工程公司		
	审 核		工程名称	某厂房	合同号	
	校 对		图 名	楼梯、电梯机房屋面平面图 卫生间平面布置图 C1、C2 Ⓐ～Ⓓ轴立面图 1-1剖面图	图 别	建施
	设 计				图 号	09
签字齐全 盖章有效	制 图				日 期	

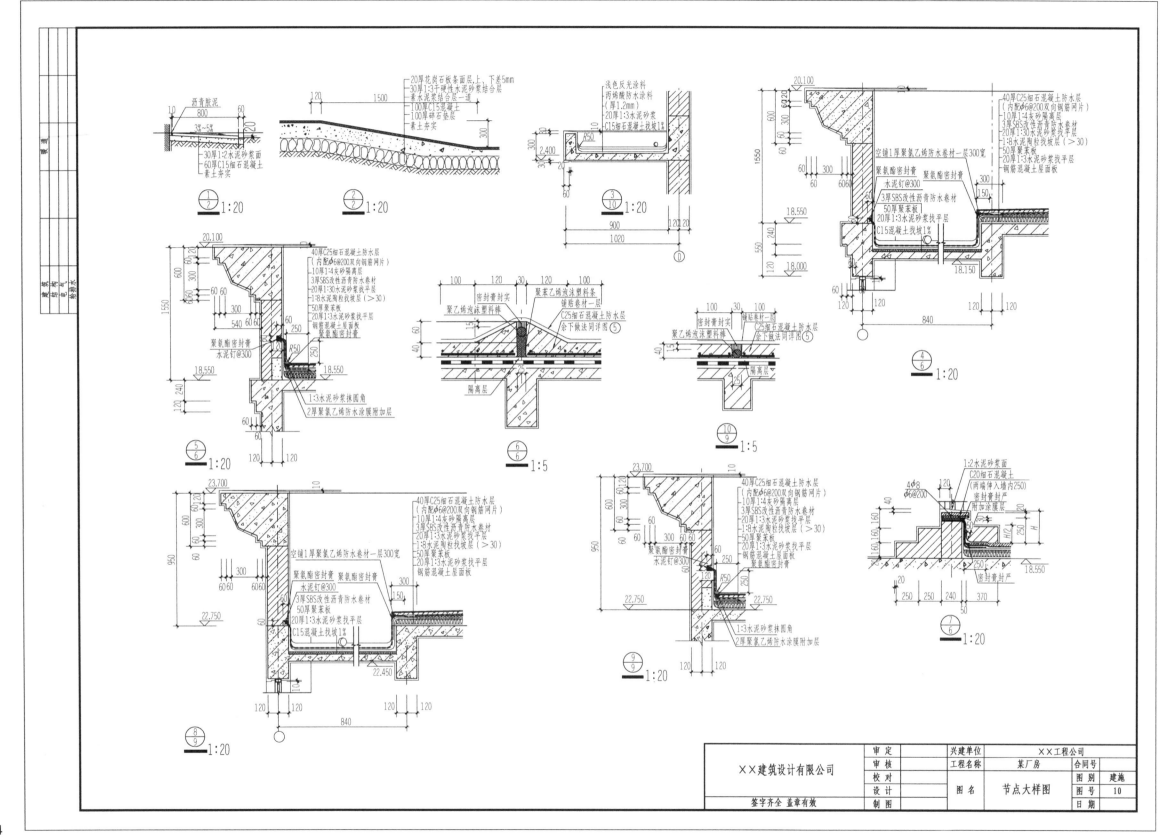

节点大样图

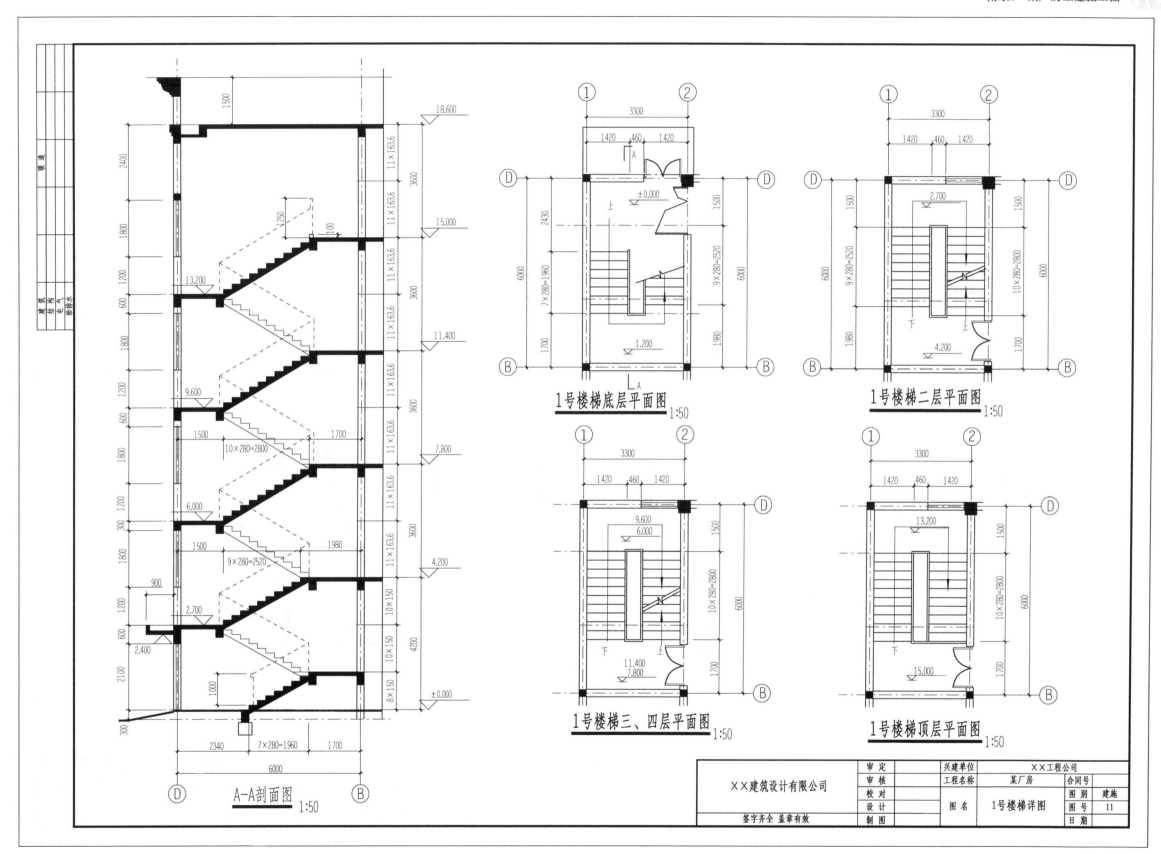

A—A剖面图 1:50

1号楼梯底层平面图 1:50

1号楼梯二层平面图 1:50

1号楼梯三、四层平面图 1:50

1号楼梯顶层平面图 1:50

××建筑设计有限公司	审定		兴建单位	××工程公司			
	审核		工程名称	某厂房	合同号		
	校对				图别	建施	
	设计		图名	1号楼梯详图	图号	11	
签字齐全 盖章有效	制图				日期		

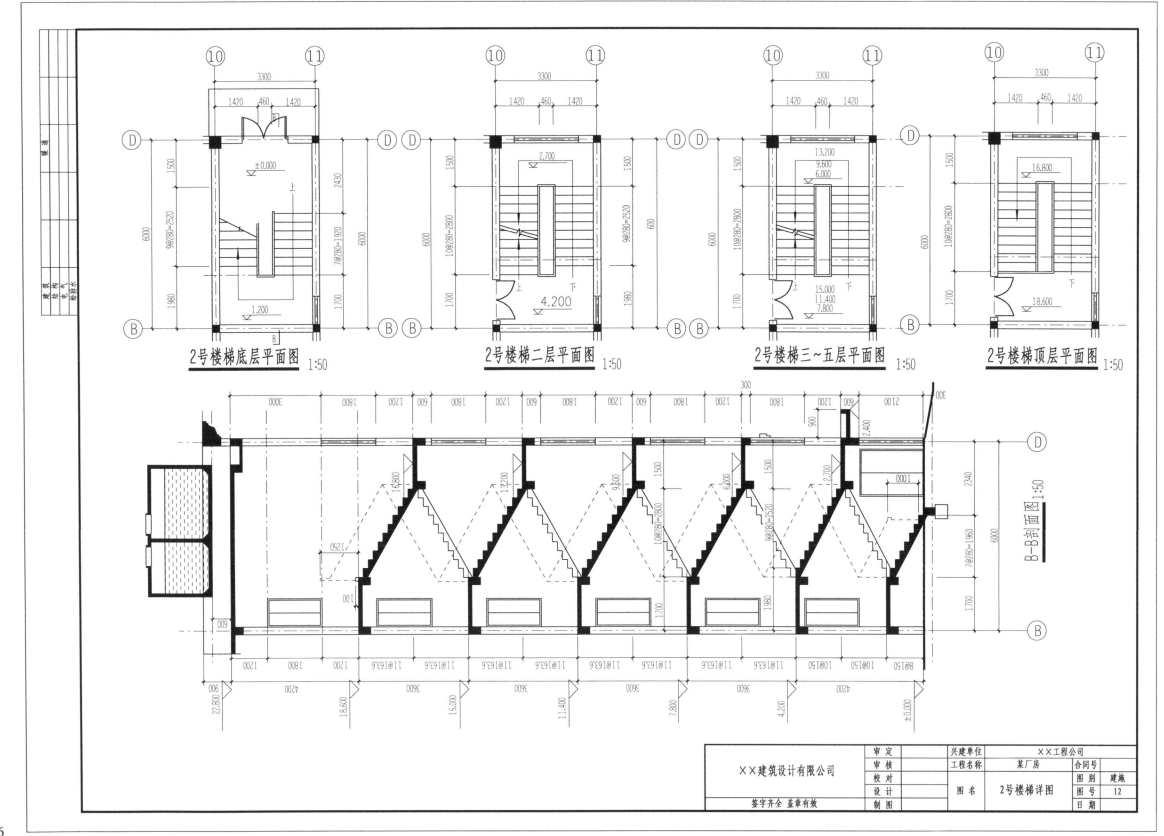

2号楼梯底层平面图 1:50

2号楼梯二层平面图 1:50

2号楼梯三~五层平面图 1:50

2号楼梯顶层平面图 1:50

B—B剖面图 1:50

××建筑设计有限公司	审 定		兴建单位	××工程公司		
	审 核		工程名称	某厂房	合同号	
	校 对				图 别	建施
	设 计		图 名	2号楼梯详图	图 号	12
签字齐全 盖章有效	制 图				日 期	

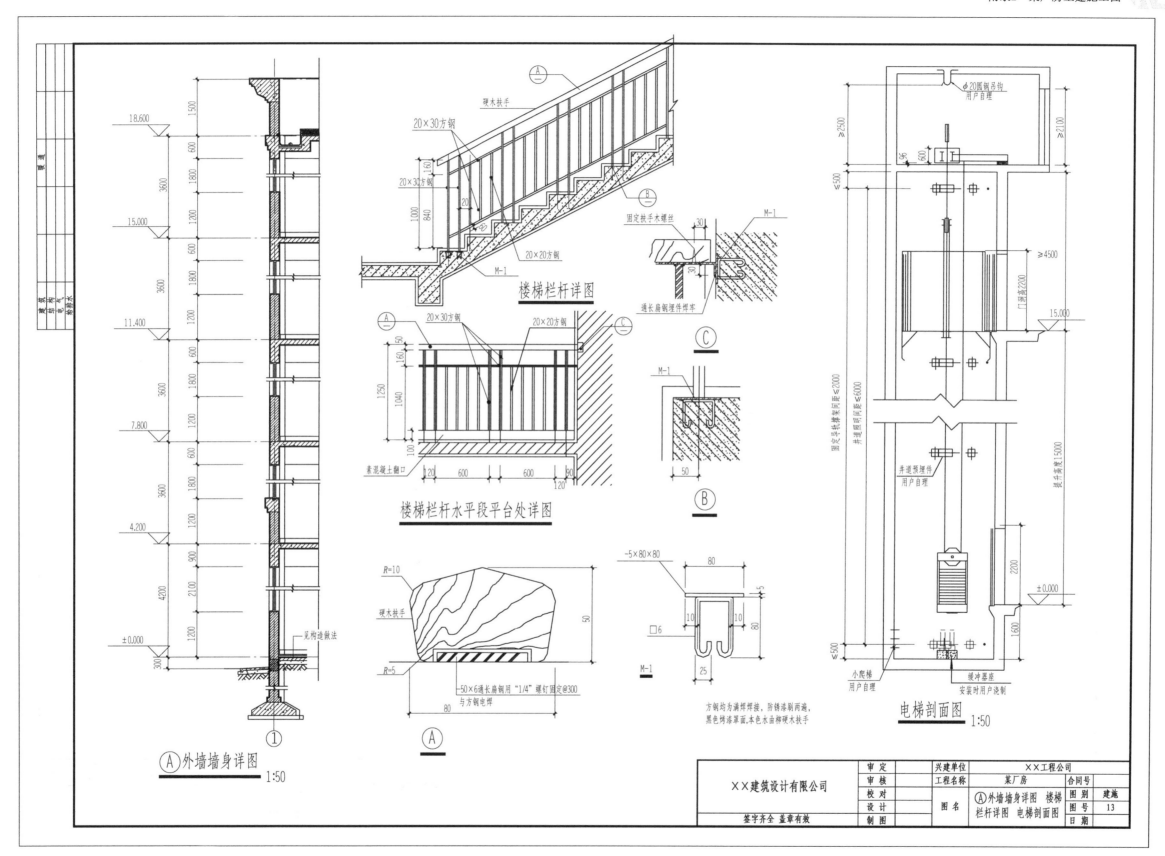

楼梯栏杆详图

楼梯栏杆水平段平台处详图

外墙墙身详图 1:50

电梯剖面图 1:50

方钢均为满焊焊接,防锈漆刷两遍,
黑色烤漆罩面,本色柳硬木扶手

×× 建筑设计有限公司		审定		兴建单位	×× 工程公司		
		审核		工程名称	某厂房	合同号	
		校对		图名	Ⓐ外墙墙身详图 楼梯栏杆详图 电梯剖面图	图别	建施
		设计				图号	13
签字齐全 盖章有效		制图				日期	

(2)某厂房结构施工图

结构施工图图纸目录

序号	图别图号	图 纸 名 称
1	结施00	图纸目录
2	结施01	结构设计总说明(一)
3	结施02	结构设计总说明(二)
4	结施03	结构设计总说明(三)
5	结施04	基础平面布置图
6	结施05	基础大样图
7	结施06	基础顶~4.150柱平法施工图
8	结施07	二层梁配筋图
9	结施08	二层板平面图
10	结施09	4.150~18.550柱平法施工图
11	结施10	三~五层梁配筋图
12	结施11	三~五层板配筋图
13	结施12	屋面层梁配筋图
14	结施13	屋面板配筋图
15	结施14	18.550~22.750柱平法施工图
16	结施15	楼梯机房屋面梁配筋图　　楼梯机房屋面板配筋图
17	结施16	1号楼梯配筋图　　2号楼梯配筋图

××建筑设计有限公司	审 定		兴建单位	××工程公司		
	审 核		工程名称	某厂房	合同号	
	校 对				图别	结施
	设 计		图 名	图纸目录		
签字齐全 盖章有效	制 图				图号	00
					日 期	

结构设计总说明

一、工程概况

某厂房，总建筑面积约为1788m²。

概况见下表：

项目	地上层数	地下层数	高度(m)	结构形式	基础类型	人防情况
某厂房	五层		15.050	框架	柱下独基	

二、建筑结构的安全等级及设计使用年限

概况见下表：

建筑结构的安全等级	设计使用年限	建筑抗震设防类别	地基基础设计等级
二级	五十年	无	丙级

三、自然条件

1．概况见下表：

基本风压	基本雪压	地面粗糙度	地震地震基本烈度	场地设防烈度	抗震设防烈度	建筑物场地土类别
$W_0=0.35$kN/m²	$S_0=0.55$kN/m²	B类	<6度	不设防	不设防	Ⅱ类

2．场地的工程地质及地下水条件

（1）依据的岩土工程勘查报告为×××工程勘察院＿＿年＿＿月＿＿日提供的《岩土工程勘察报告》(详勘)。

（2）地形地貌：

本工程场地地形较平整，场地内无溶洞、坟墓；场地上空无通信线、高压线通过，场地内无地下管线等障碍物，地形地貌简单。

（3）场地自上面向下各土层的工程地质特征如下：

1：素填土，厚度 0.20~1.10m；

2-1：全风化泥质粉砂岩，厚度 0.13~0.93m；

2-2：强风化泥质粉砂岩，厚度 0.33~1.98m；

2-3：中风化泥质粉砂岩，厚度 0.55~2.15m。

（4）地下水：

场地内地下水主要为第四系孔隙潜水及风化基岩裂隙水；水位埋深为3.540~3.800m，该区地下水及地基土对混凝土无侵蚀作用。

（5）场地类型及建筑场地类别：

场地土类型为中软土，建筑场地类别为Ⅱ类，非震液化区。

（6）地基基础方案及结论：

本工程基础采用浅基持力层钢筋混凝土柱下独基，独基持力层为2-2强风化泥质粉砂岩，持力层地基承载力特征值为350kPa。

四、本工程相对于标高±0.00 0相当于黄海标高94.50m

五、本工程设计遵循的标准、规范、规程和图集

（1）《工程结构可靠性设计统一标准》(GB 50153—2008)；

（2）《建筑结构荷载规范》(GB 50009—2012)；

（3）《混凝土结构设计规范》(GB 50010—2010)；

（4）《建筑地基基础设计规范》(GB 50007—2011)；

（5）《建筑地基技术规范》(JTG 94—2008)；

（6）《砌体结构设计规范》(GB 50003—2011)；

（7）《钢筋混凝土连续梁和框架考虑内力塑性重分布设计规范》(CECS 51:93)；

（8）国家和地方的其他有关规范、规程及法律法规；

（9）选用图集目录：

序号	图集名称	图集代号	备注
1	混凝土结构施工图 平面整体表示方法制图规则和构造详图	11G101-1	
2	现浇混凝土板式楼梯制图规则和构造详图	11G101-2	
3	独立基础、条件基础、筏形基础及桩基承台合图规则和构造详图	11G101-3	
4	混凝土结构施工钢筋排布规则和构造详图	12G901-(1,2,3)	

六、本工程设计计算所采用的计算程序

（1）采用中国建筑科学研究院PKPM2010单机版——结构平面辅助设计SATWE进行主体结构计算。

（2）采用中国建筑科学研究院PKPM2010单机版——结构平面辅助设计JCCAD基础计算。

七、本工程活荷载取值

本工程设计均依据建筑建筑图中标明使用功能用途和《建筑结构荷载规范》(GB 50009—2012)，以及业主和工艺特殊要求确定，在施工和实际使用过程中，不得随意更改。

单位：kN/m²

部位	二~五层楼面	楼梯	消防楼梯	电梯机房	上人平屋面	不上人坡屋面
荷载	4.0	3.5	3.5	7.0	2.0	0.55

八、地基基础

（1）本工程地基基础设计等级为丙级。

（2）本工程采用钢筋混凝土独立基础浅基方案，基坑采用放坡开挖局部支护，基础持力层为2-2强风化质粉砂岩，持力层地基承载力特征值为350kPa，基槽挖深度暂定为1.200m，基础超深部分用C15毛石混凝土当垫层。基槽开挖完毕后必须经有关单位进行基槽验收合格后，方可进入下一道工序进行施工。基槽超前验前后，不得有扰动验槽后的原有结构。

（3）基槽底应挖除积水，当基础底面在同一轴线上有较大高差时，可采用台阶式处理，台阶的高度比应小于1:2，并且台阶宽度每级不得超过500mm，基槽混凝土除设计需预留洞外应整体连续一次浇灌。

（4）基础砌体两侧用20厚1:2防水水泥砂浆粉刷。

（5）水、电管线穿基础时，均应在基础梁上预留孔洞或预埋套管。

（6）本工程防雷接地系统应按电气施工图要求实施。

九、主要结构材料

1．钢筋：符号ϕ为HPB300热扎钢筋，$f_y=270$N/mm²，$f_y'=270$N/mm²；

符号Φ为HRB335热扎钢筋，$f_y=300$N/mm²，$f_y'=300$N/mm²；

符号Φ为HRB400热扎钢筋，$f_y=360$N/mm²，$f_y'=360$N/mm²。

注：普通钢筋的抗拉强度实测值与屈服强度的实测值的比值不应小于1.25，且钢筋的屈服强度实测值与强度标准值的比值不应大于1.3。

2．焊条：E43系列用于焊接HPB235钢筋、Q235B钢板及型钢，E50系列用于焊接HRB335钢筋，E55系列用于焊接HRB400钢筋。

3．混凝土：

项目名称	构件部位	混凝土强度等级	备注
2号厂房	桩基、桩帽、基础板梁	C25	
	柱	C25	
	梁、板	C25	
	构件	C25	
	基础垫层	C15	
	圈梁、构造柱、现浇过梁	C25	
	标准构件		按标准图要求
	后浇带		采用高一级的膨胀混凝土

注：（1）本工程环境类别：地下部分及屋面、雨蓬、槽沟钢筋混凝土的环境类别为二a类，其余均为一类。

（2）结构混凝土耐久性的基本要求。

环境类别		最大水灰比	最低混凝土 强度等级	最大氯离子 含量(%)	最大碱含量 (kg/m³)
一		0.65	C20	0.3	不限制
二	a	0.55	C25	0.2	3.0
	b	0.50 (0.55)	C30(C25)	0.15	3.0
三	a	0.45 (0.50)	0.35 (C30)	0.15	3.0
	b	0.40	C40	0.10	3.0

（3）本工程耐火等级为二级，主要构件耐火极板限下表。

主要构件	多孔砖承重墙	钢筋混凝土柱	钢筋混凝土梁	钢筋混凝土楼板	楼梯
耐火极板限	2.50h	2.50h	1.50h	1.00h	1.00h

（4）建议电梯地坑采用FS型防水外加剂。外加剂供应方应向供应单位提供详细的试验数据，试验数据必须符合国家对外加剂的要求。供应方还应提供详细的施工方案和施工要求，保证外加剂的正确使用。

（5）施工时应严格控制水灰比，加强振动，加强养护，采用合理的施工工序。

（6）砌体工程施工质量控制等级为B级。

砌体工程施工方法见下表：

材料 部位 标高	基础砌体 ▽±0.000 以下	承重墙、楼梯间墙及外围护墙 ▽±0.000 以上	框架填充内墙 ▽±0.000 以上
砖种类	页岩烧结实心砖	页岩烧结空心砖	页岩矩形孔烧结多孔砖
砖强度等级	MU20	MU10	MU10
砂浆种类	水泥砂浆	水泥石灰混合砂浆	水泥石灰混合砂浆
砂浆强度	M10	M5.0	M5.0

注：① ▽±0.000以下基础砖砌体两侧用20厚1:2水泥水泥砂浆粉刷。

② 防潮层：建筑墙身防潮层设于-0.060处，做法为30厚1:2水泥砂浆加5%防水剂。

③ 烧结砖多孔砖：圆孔直径≥22，孔洞率≥25%，且<35%；

烧结砖空心砖：砖块壁厚>10mm，肋厚≥7mm，孔洞率≥35%；

砌体多孔砖砌筑应遵守《多孔砖砌体结构技术规范》(JGJ 137—2001)。

PK型烧结多孔砖砌体采用一顺一顶砌法。

十、钢筋混凝土结构构造

本工程混凝土结构主体为框架结构，所在地区为非抗震区，抗震不设防。

本工程混凝土结构应按照国家标准《混凝土结构施工图平面整体表示方法制图规则和构造详图》(11G101-1)的表示方法。施工中未注明的构造要求应按照标准图的有关要求执行。

1．主筋的混凝土保护层厚度

基础底板：40mm（有防水要求改为50mm）

梁：25mm（环境类别为二a类要求时改为30mm）

板：15mm（环境类别为二a类要求时改为20mm）

柱：30mm

注：（1）各部分主筋混凝土保护层厚度同时应满足不小于钢筋直径的要求。

（2）柱混凝土保护层厚度大于40mm时，在柱梁混凝土保护层中间增加ϕ4@200×200钢筋网片。

2．钢筋接头形式及要求

（1）框架梁、框架柱主筋采用直螺纹机械接头，其余构件当受力钢筋连接接头直径≥22mm时，应采用直螺纹机械连接接头；当受力钢筋直径<22mm时，可采用绑扎连接接头。

（2）接头位置宜设置在受力较小处，在同一根钢筋中宜少设接头。

（3）受力钢筋接头的位置应相互错开，当采用机械接头时，在任一35 d且不小于500mm区段内，以及当采用绑扎搭接接头时，在任一1.3倍搭接长度的区段内，有接头的受力钢筋截面面积占受力钢筋总截面面积的百分率应符合下要求：

接头形式	受拉区接头数量	受压区接头数量
机械连接	50	不限
绑扎搭接	25	50

3．纵向钢筋的锚固长度、搭接长度

（1）非抗震设计的普通钢筋的受拉锚固长度L_a：

钢筋种类 \ 混凝土强度等级	C20		C25		C30	
	d≤25	d>25	d≤25	d>25	d≤25	d>25
HPB300	31d	—	27d	—	24d	—
HRB335	39d	42d	34d	37d	30d	33d
HRB400、RRB400	46d	51d	40d	44d	36d	39d

注：①按上表计算的锚固长度L_a小于200mm时，按200采用。

②采用环氧树脂涂层钢筋时，其锚固长度乘以修正系数1.25。

③钢筋在施工中易受扰动(如滑清模施工)时，乘以修正系数1.1。

（2）纵向钢筋的搭接长度L_l：

纵向钢筋的搭接接头百分率	≤25	50	100
纵向受拉钢筋的搭接长度	$1.2L_a$	$1.4L_a$	$1.6L_a$
纵向受压钢筋的搭接长度	$0.85L_a$	$1.0L_a$	$1.13L_a$

注：受拉钢筋搭接长度不应小于300mm，受压搭接长度不应小于200mm。

（3）框架的上部钢筋在跨中搭接，搭接长度为L_a且不小于300；下部钢筋在支座处搭接，伸入支座L_a并伸至梁(柱)中心线。

4．现浇钢筋混凝土板

除具体施工图中有特别规定者外，现浇钢筋混凝土板应符合以下要求：

（1）板的底部钢筋伸入支座长度≥15d，且应伸入到支座中心线。

（2）板的边支座和中间支座板底标高不同时，负筋在梁或墙内的锚固应满足受拉钢筋最小锚固长度L_a。

（3）双向板的底部钢筋，短跨钢筋置于下排，长跨钢筋置于上排。

（4）当板底与梁底平时，板的下部钢筋伸入梁内须弯折后置于梁的下部纵向钢筋之上。

右上角钢、钢板、钢管

（7）型钢、钢板、钢管：Q235-B。

	审定		兴建单位		××工程公司	
××建筑设计有限公司	审核		工程名称		某厂房	合同号
	校对					图别	图号
	设计		图名	结构设计总说明(一)		结施	01
签字齐全 盖章有效	制图		日期			

左侧竖排：建筑 结构 防雷 电气 给排水

(5)板上小孔洞应预留，一般结构平面中只表示出洞口尺寸≥300mm的孔洞，施工时各工种必须根据各专业图纸配合土建预留全部孔洞，不得后留。当洞口尺寸≤300mm时，洞边不再另加钢筋，板内外钢筋由洞边绕过，不得截断，如图一所示。当洞口尺寸＞300mm时，应设洞边筋，按平面图所示的要求施工。当平面图未加代时，一般按图二要求。板内原有受力钢筋为单向受力方向或以向板的两个方向沿板跨向配通长，并锚入支座≥5d，且应伸入到支座中心线。单向板非受力方向的洞口加筋长度为洞口宽加两侧各40d，且应放置在受力钢筋之上。

(6)图中注明的后浇板时，当注明配筋时，钢筋为准；未注明配筋者，均双向配φ8@150置于板底，待设备安装完毕后，再用同强度等级的混凝土浇筑，板厚同周围板。

(7)板内分布钢筋，除注明者外见下表。

楼板厚度(mm)	100～140	150～170	180～200	200～220	230～250
分布钢筋	φ8@200	φ8@150	φ10@250	φ10@200	φ12@200

(8)对于外露的现浇钢筋混凝土女儿墙、挂板、栏板、檐板等构件，当其水平直线长度超过2m时，应按图三设置伸缩缝。伸缩缝间距≤12m。

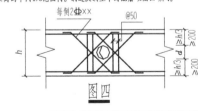
图三

A—A

(9)楼板上后砌隔墙的位置应严格遵守建筑施工图，不可随意砌筑。

(10)对短向跨度＞3.6m的板，其模板应起拱，起拱高度为跨度的0.3%。

(11)对短向跨度＞3.6m的板，其四周角应该5 φ10@200放射负筋，长度取该板对角线长度的1/4，以防止板四角产生切角裂缝。

5.钢筋混凝土

梁、次梁的设计说明详见《混凝土结构施工图平面整体表示方法制图规则和构造详图》(11G101-1)，必须按规定施工。

(1)梁内箍筋除单肢者外，其余采用封闭形式，并做成135°，纵向钢筋为多排时，应增加连线段，弯钩在两排或三排钢筋以下不弯折。梁拉时，上下主钢筋面长度按钢筋的受拉锚固度l_a锚固，箍筋按抗扭筋：箍筋的末端应做成135°弯钩，弯钩端平直段长度为10d（d为箍筋直径），或参见结施03图十七。

(2)梁内第一根箍筋距支座或梁边50mm起。

(3)主梁在次梁相交处，箍筋应通布置，凡未在次梁两侧标注箍筋的，均在次梁两侧各设3组箍筋，箍筋肢数、直径同梁相同，间距50mm。次梁吊筋在梁配筋中表示。

(4)主次梁高度相同时，次梁的下部纵向钢筋应置于主梁下部纵向钢筋之上。

(5)梁的纵向钢筋需要设置接头时，上部钢筋应在距支座1/3跨度范围内接头，下部钢筋应在跨中1/3跨度范围内接头。同一接头范围内的接头数量不应超过总钢筋数量的50%。

(6)在梁跨中开不大于150的洞，在具体设计中未说明做法时，洞的位置应在梁中的2/3范围内，梁高的中间1/3范围内。洞边及洞上下的配筋 如图四所示。

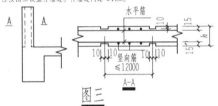
图四

(7)梁跨度大于或等于4m时，模板按跨度的0.2%起拱；悬臂梁按悬臂长度的0.4%起拱。起拱高度不小于20mm。

(8)楼梯休息平台梁与框梁下采用短柱连接，短柱配筋同GZ，且楼梯休息平台板下无梁处采用现浇板垫，板垫配筋同QL，如图五所示

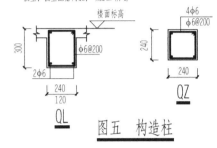
QL 　QZ

图五　构造柱

6.钢筋混凝土柱：
(1)柱子箍筋，除拉结钢筋外均采用封闭形式，并做成135°弯钩，直钩长度为10d，当柱中全部纵向钢筋的配箍筋超过3排时，箍筋宜焊成封闭环式。
(2)柱应按建筑图中填充墙的位置留设拉结筋。
(3)柱与现浇的圈梁、圈梁连接处，在柱内应预留插筋，插铁伸出柱外皮长度为1.2l_a，锚入柱内长度为l_a。
(4)女儿墙均设置240×240构造柱，柱内配4φ14主筋，箍筋φ6@200构造柱每隔4.00m设置一个，女儿墙顶部设置360×120钢筋混凝土压顶梁，梁配筋主筋4φ10，箍筋φ6@200。

7.当柱混凝土强度等级高于梁混凝土一个等级时，梁柱节点处混凝土可随梁混凝土强度等级浇筑。当柱混凝土强度等级高于梁混凝土两个等级时，梁柱节点处混凝土应按柱混凝土强度等级浇筑。此时，应先浇筑柱的高等级混凝土，然后再浇筑梁的低等级混凝土，也可同时浇筑，但应特别注意，不应使低等级混凝土扩展到高等级混凝土的结构部位中去，以确保高强混凝土结构质量。柱高等级混凝土浇筑范围如图六所示。

(先浇高等级混凝土)
图六

8.填充墙：
(1)填充墙的材料、平面位置见建筑图，不得随意更改。
(2)首层填充墙下无基础梁或结构梁板时，墙下应做基础，基础做法详如图七所示。

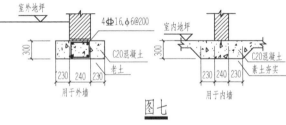
用于外墙　用于内墙
图七

(3)砌体填充墙应沿墙体墙高每隔500mm设2φ6拉筋，拉筋与主体结构的拉接做法详见标准图集。墙板构造及与主体结构的拉接做法详见各地的相应构造详图，或参见结施03图十三。
(4)当砌体填充墙长度大于层高2倍时，应按建施图表示的位置设置钢筋混凝土构造柱，构造柱配筋如图八 所示 构造柱上下端楼层处400mm高度范围内，箍筋间距加密到间距100。

构造柱与楼面相交处在施工楼面时应留出相应结构，如图九所示。构造柱钢筋绑完后，应先砌墙，后浇筑混凝土，在构造柱处，墙体中应留好拉结筋。浇筑构造柱混凝土前，应将柱根处杂物清理，并用压力水，冲洗。然后才能浇筑混凝土。

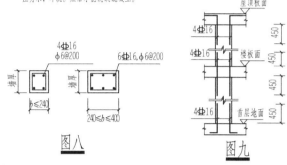
图八　图九

(5)填充墙应在主体结构施工完毕后，由上而下逐层砌筑，或将填充墙砌筑到梁、板底附近，最后再由上而下按下述(9)条要求完成。
(6)填充墙洞口过梁可根据建施图纸的洞口尺寸按《钢筋混凝土过梁(烧结多孔砖砌体)》(13G322-2)选用，荷载按一级取用，或参见施03图十八。当洞口紧贴柱或钢筋混凝土墙时采用现浇。施工主体结构时，应按相应的梁配筋，在柱(墙)上口预留插筋，如图十所示。现浇过梁截面、配筋可按下表形式给出：

填充墙洞顶过梁表

洞口净跨度L_0	$L_0<1000$	$1000≤L_0<1500$	$1500≤L_0<2100$	$2100≤L_0<2700$	$2700≤L_0<3000$	$3000≤L_0<3600$
梁高h	120	120	180	200	250	300
支座长度a	240	240	240	370	370	370
①	2φ10	2φ10	2φ10	3φ14	3φ16	2φ12
②	2φ10	2φ12	2φ14	3φ14	3φ16	3φ12
③	φ6@200	φ6@200	φ6@200	φ6@200	φ6@150	φ6@150

(7)洞顶离梁底距离小于混凝土过梁高度时，采用与洞浇的下挂板替代过梁，见图十一。

图十　过梁　　1-1　　图十一　洞口顶挂板处理

(8)当砌体填充墙高度大于4m时，应设钢筋混凝土圈梁。做法为：一内墙门洞上设一道，兼作过梁，外墙窗及窗洞下设一道，高度180mm，内墙圈梁宽度同墙厚，高度120mm。外墙圈梁宽度见建施墙身剖面图，高度180mm，圈梁宽度$b≤240mm$时，配筋上下各2φ12，φ6@200箍筋；$b>240mm$时，配筋上下各2φ14，φ6@200箍筋。圈梁兼作过梁时，应在洞口上方按梁要求确实截面并另加钢筋。
(9)填充墙砌到板、梁底附近时，应将砌体沉实后用斜砌法把下部砌体与上部板、梁间用砌块逐块嵌紧填实，构造柱顶采用干硬性混凝土挤安实。如图十二所示。

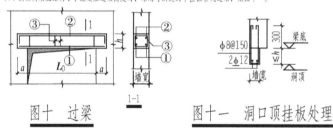
图十二　填充墙顶部构造

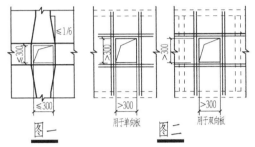
图一　图二

×× 建筑设计有限公司	审定		兴建单位	×× 工程公司	
	审核		工程名称	某厂房	合同号
	校对				
	设计		图名	结构设计总说明(二)	图别 结施
签字齐全 盖章有效	制图				图号 02
					日期

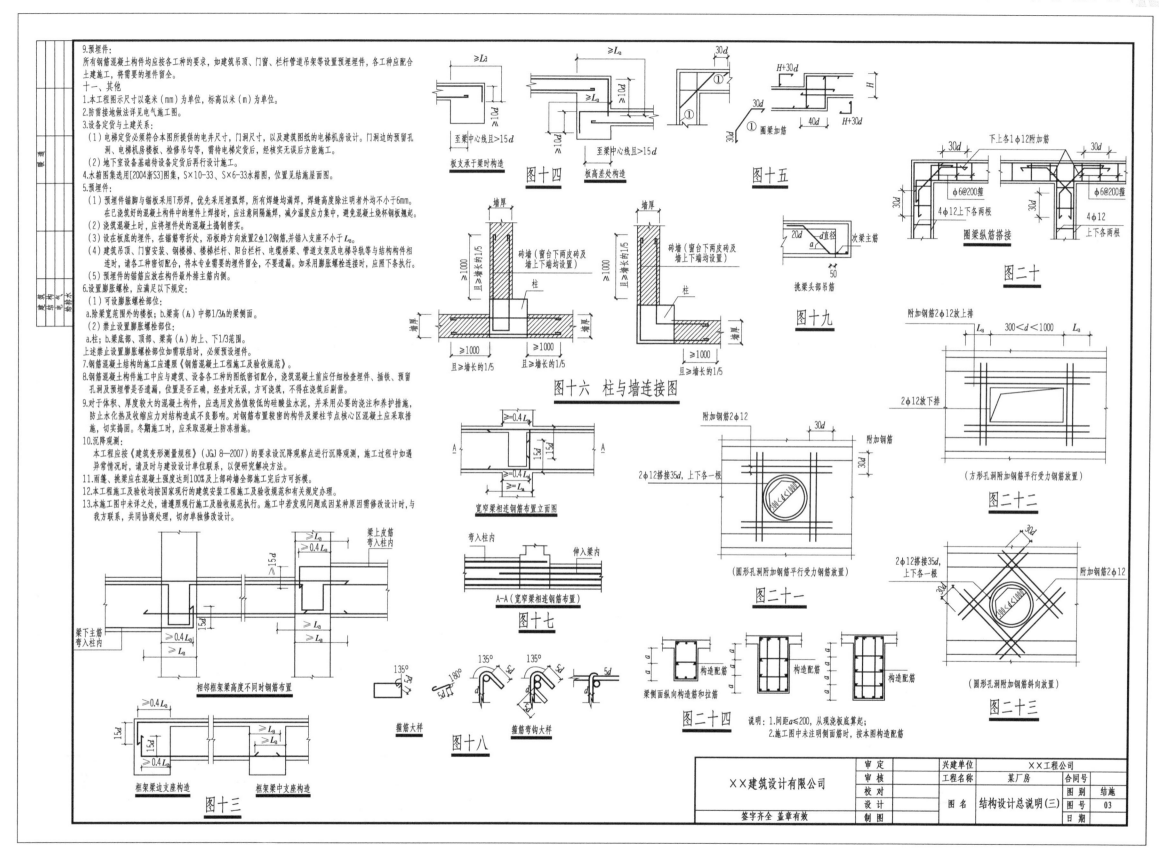

9.预埋件：
所有钢筋混凝土构件均应按各工种的要求，如建筑吊顶、门窗、栏杆管道吊架等设置预埋件，各工种应配合土建施工，将需要的埋件留全。
十一、其他
1.本工程图示尺寸以毫米（mm）为单位，标高以米（m）为单位。
2.防雷接地做法详见电气施工图。
3.设备定位与土建关系：
（1）电梯定货必须符合本图所提供的电井尺寸，门洞尺寸，以及建筑图纸的电梯机房设计。门洞边的预留孔洞、电梯机房楼板、检修吊勾等，需待电梯定货后，核实无误后方能施工。
（2）地下室设备基础待设备定货后再行设计施工。
4.水箱图集选用[2004浙S3]图集，S×10-33、S×6-33水箱图，位置见结施屋面图。
5.预埋件：
（1）预埋件锚脚与锚板采用T形连接，优先采用埋弧焊，所有焊缝均满焊，焊缝高度除注明者外均不小于6mm。在已浇筑好的混凝土构件中的埋件上预接时，注意隔墙满焊，减少温度应力集中，避免混凝土烧杯钢板翘起。
（2）浇筑混凝土时，应将埋件处的混凝土捣密实。
（3）设在板底的埋件，在锚筋弯折处，沿板跨方向放置2Φ12钢筋，并锚入支座不小于La。
（4）建筑吊顶、门窗安装、钢楼梯、楼梯栏杆、阳台栏杆、电缆桥架、管道支架与电梯导轨等与结构构件相连时，各工种密切配合，将本专业需要的埋件留全，不要遗漏。如采用膨胀螺栓连接时，应照下条执行。
（5）预埋件的锚筋应设在构件最外排主筋内侧。
6.设置膨胀螺栓，应满足以下规定：
（1）可设膨胀螺栓部位：
a.除梁宽范围以外的楼板；b.梁高（h）中部1/3h的梁侧面。
（2）禁止设置膨胀螺栓部位：
a.柱；b.梁底部、顶部、梁高（h）的上、下1/3范围。
上述禁止设膨胀螺栓部位如需连结时，必须预设埋件。
7.钢筋混凝土结构的施工应遵照《钢筋混凝土工程施工及验收规范》。
8.钢筋混凝土构件施工中应与建筑、设备各工种的图纸密切配合，浇筑混凝土前应仔细检查埋件、插铁、预留孔洞及预埋管是否齐全，位置是否正确，经查对无误，方可浇筑，不得在浇筑后剔凿。
9.对于体积、厚度较大的混凝土构件，应选用发热值较低的硅酸盐水泥，并采用必要的浇注及养护措施，防止水化热及收缩应力对结构造成不良影响。对钢筋布置较密的构件及梁柱节点核心区混凝土应采取措施，切实捣固。冬期施工时，应采取混凝土防冻措施。
10.沉降观测：
本工程应按《建筑变形测量规程》（JGJ 8—2007）的要求设沉降观察点进行沉降观测，施工过程中如遇异常情况时，请及时与建设单位联系，以便研究解决方法。
11.雨篷、挑檐应在混凝土强度达到100%及上部砖墙全部施工完后方可拆模。
12.本工程施工及验收均按国家现行的建筑安装工程施工及验收规范和有关规定办理。
13.本施工图中未详之处，请遵照现行施工及验收规范执行。施工中若发现问题或因某种原因需修改设计时，与我方联系，共同协商处理，切勿单独修改设计。

图十四　图十五　图二十　图十六 柱与墙连接图　图十七　图十八　图十三　图十九　图二十一　图二十二　图二十三　图二十四

××建筑设计有限公司

审定		兴建单位	××工程公司		
审核		工程名称	某厂房	合同号	
校对				图别	结施
设计		图名	结构设计总说明(三)	图号	03
制图				日期	

签字齐全　盖章有效

131

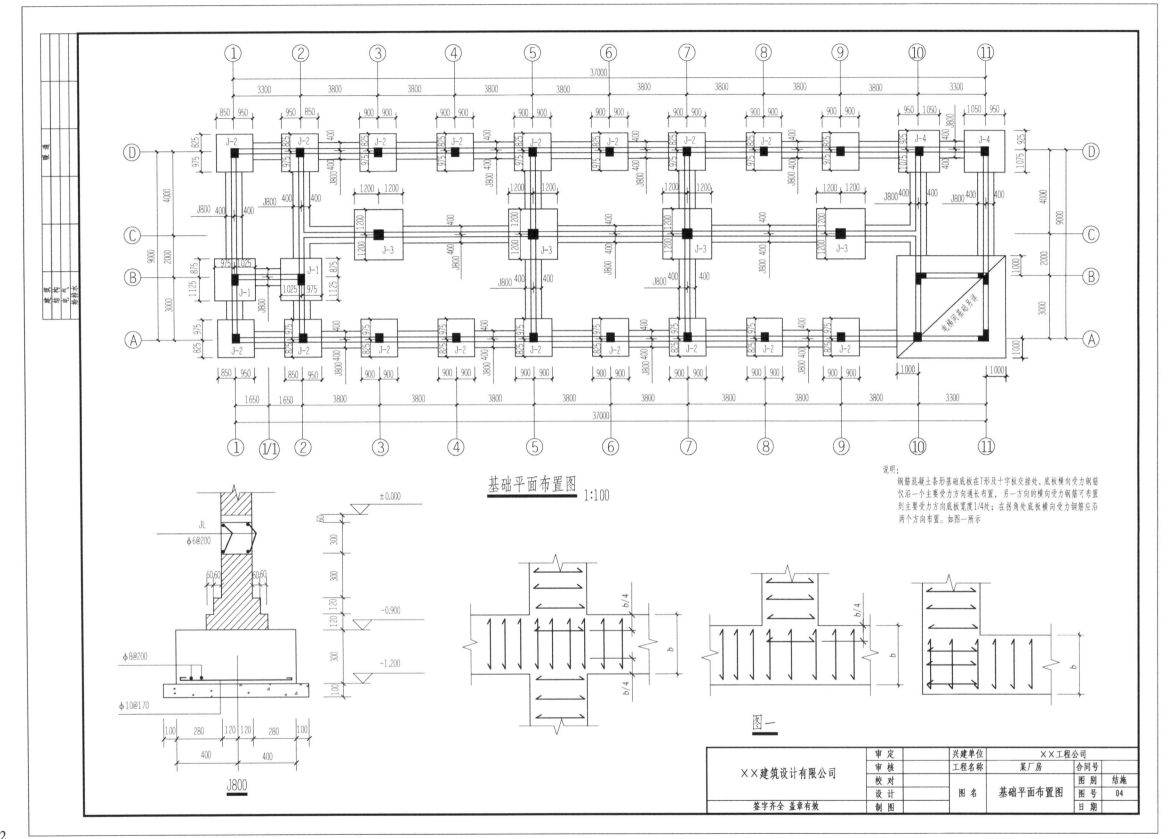

基础平面布置图 1:100

说明：
钢筋混凝土条形基础底板在T形及十字板交接处，底板横向受力钢筋
仅沿一个主要受力方向通长布置，另一方向的横向受力钢筋可布置
到主要受力方向底板宽度1/4处；在拐角处底板横向受力钢筋应沿
两个方向布置。如图一所示

图一

	审 定	兴建单位	××工程公司	
××建筑设计有限公司	审 核	工程名称	某厂房	合同号	
	校 对			图别	结施
	设 计	图 名	基础平面布置图	图号	04
签字齐全 盖章有效	制 图			日 期	

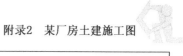

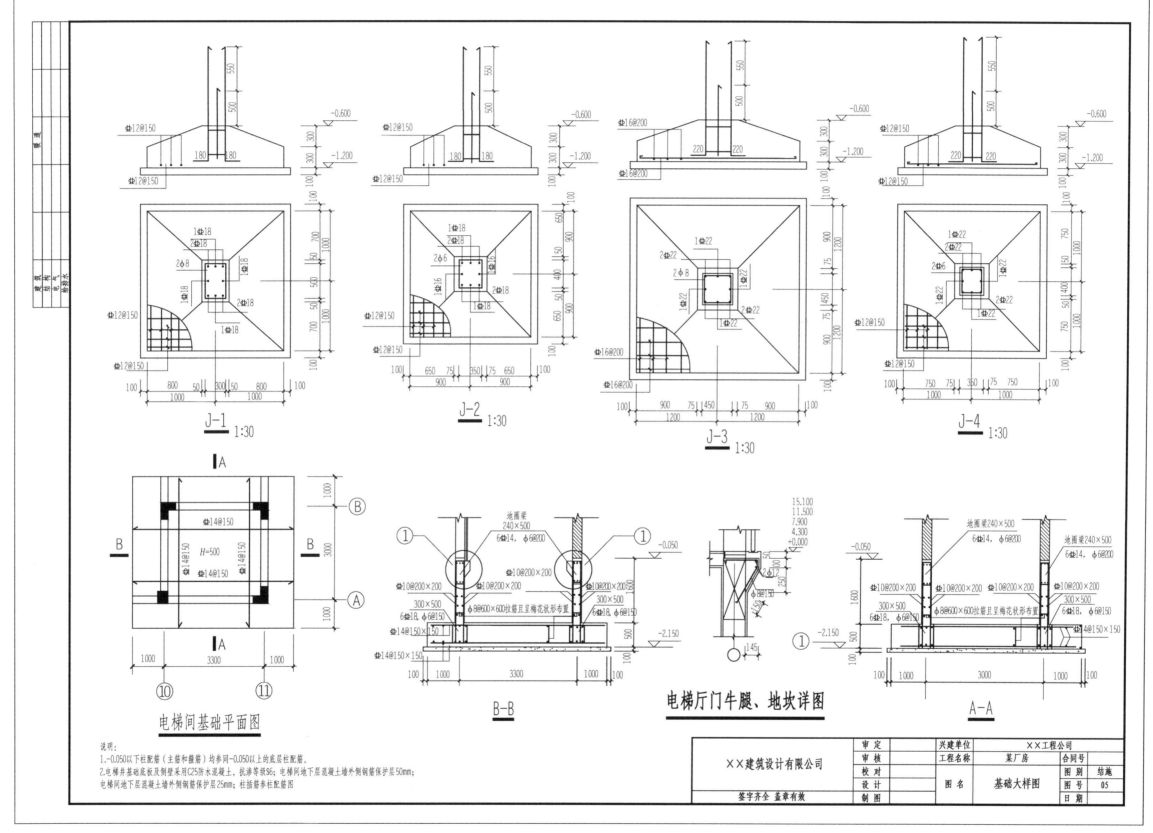

电梯厅门牛腿、地坎详图

J-1 1:30　J-2 1:30　J-3 1:30　J-4 1:30

电梯间基础平面图

B-B　A-A

说明:
1.-0.050以下柱配筋(主筋和箍筋)均参同-0.050以上的底层柱配筋。
2.电梯井基础底板及侧壁采用C25防水混凝土,抗渗等级S6;电梯间地下层混凝土墙外侧钢筋保护层50mm;电梯间地下层混凝土墙外侧钢筋保护层25mm;柱插筋参柱配筋图

××建筑设计有限公司	审定	兴建单位	××工程公司		
	审核	工程名称	某厂房	合同号	
	校对			图别	结施
	设计	图名	基础大样图	图号	05
签字齐全 盖章有效	制图			日期	

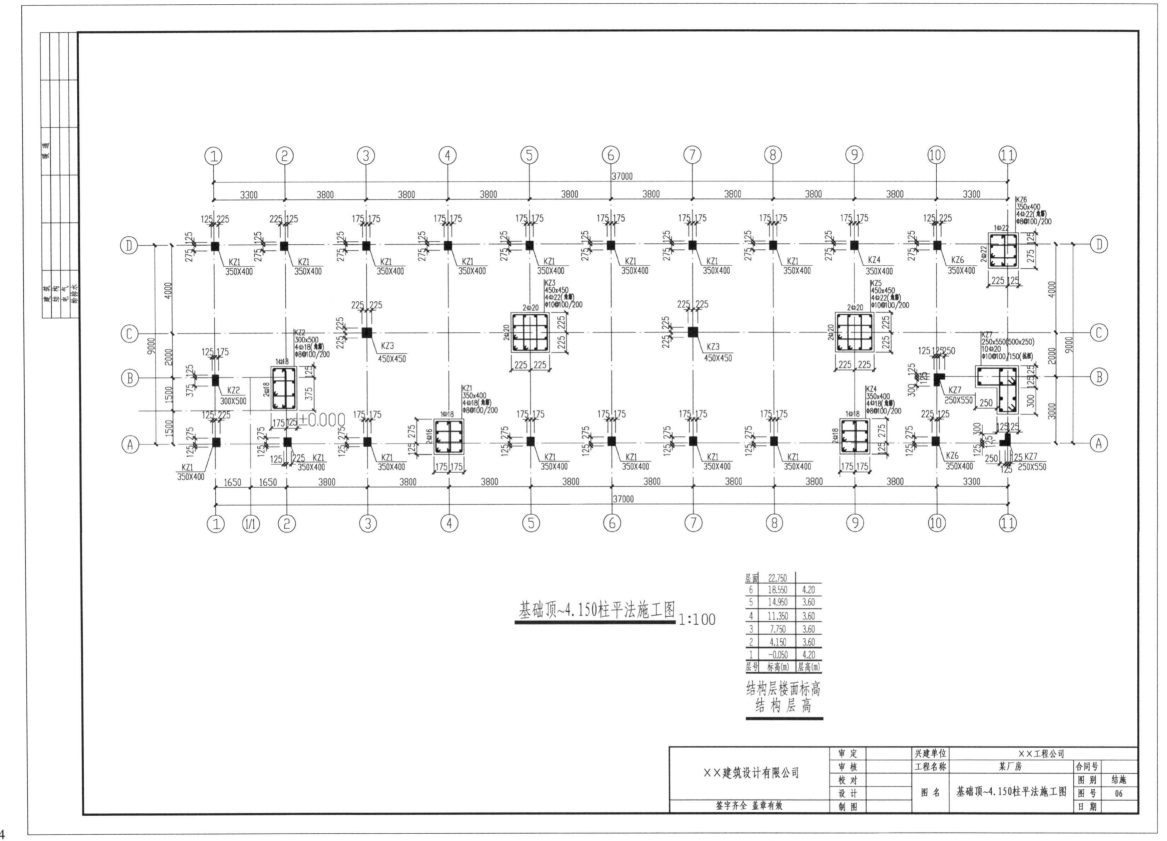

基础顶~4.150柱平法施工图 1:100

层面	22.750	
6	18.550	4.20
5	14.950	3.60
4	11.350	3.60
3	7.750	3.60
2	4.150	3.60
1	-0.050	4.20
层号	标高(m)	层高(m)

结构层楼面标高
结 构 层 高

××建筑设计有限公司	审 定		兴建单位	××工程公司		
	审 核		工程名称	某厂房		合同号
	校 对					图 别	结施
	设 计		图 名	基础顶~4.150柱平法施工图		图 号	06
签字齐全 盖章有效	制 图					日 期

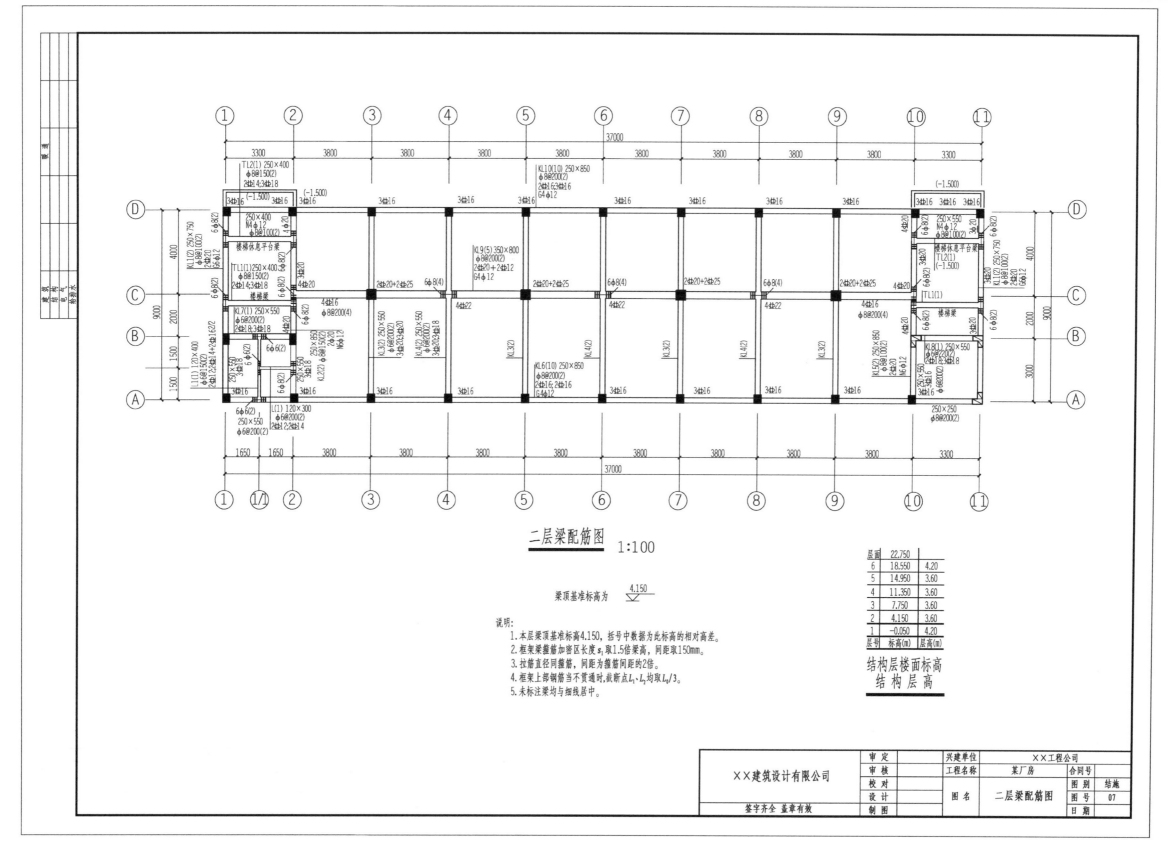

二层梁配筋图 1:100

梁顶基准标高为 ▽ 4.150

说明:
1. 本层梁顶基准标高4.150,括号中数据为此标高的相对高差。
2. 框架梁箍筋加密区长度 s_1 取1.5倍梁高,间距取150mm。
3. 拉筋直径同箍筋,间距为箍筋间距的2倍。
4. 框架上部钢筋当不贯通时,截断点 L_1、L_3 均取 $L_n/3$。
5. 未标注梁均与细线居中。

层面	22.750	
6	18.550	4.20
5	14.950	3.60
4	11.350	3.60
3	7.750	3.60
2	4.150	3.60
1	-0.050	4.20
层号	标高(m)	层高(m)

结构层楼面标高
结构层高

✕✕建筑设计有限公司	审 定		兴建单位	✕✕工程公司		
	审 核		工程名称	某厂房	合同号	
	校 对				图别	结施
	设 计		图 名	二层梁配筋图	图号	07
签字齐全 盖章有效	制 图				日 期	

135

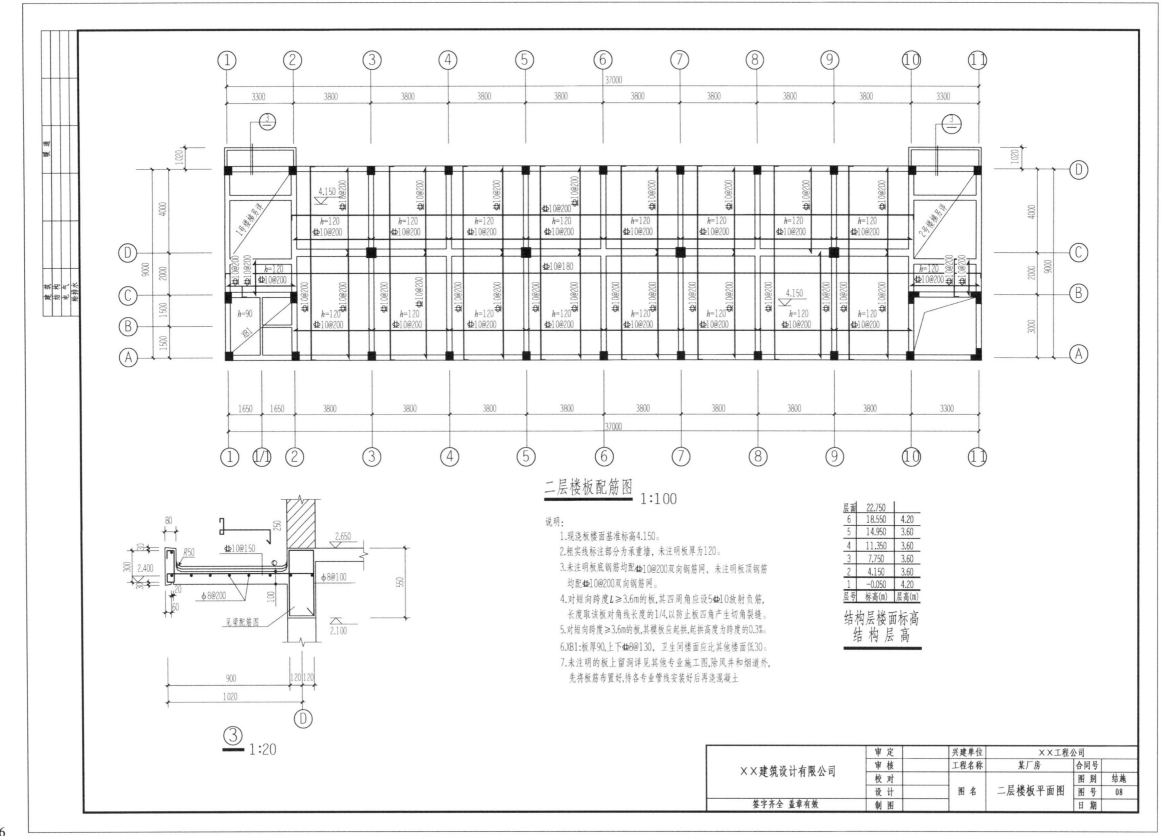

二层楼板配筋图 1:100

说明:
1.现浇板楼面基准标高4.150。
2.粗实线标注部分为承重墙,未注明板厚为120。
3.未注明板底钢筋均配Φ10@200双向钢筋网,未注明板顶钢筋均配Φ10@200双向钢筋网。
4.对短向跨度L≥3.6m的板,其四周角应设5Φ10放射负筋,长度取该板对角线长度的1/4,以防止板四角产生切角裂缝。
5.对短向跨度≥3.6m的板,其模板应起拱,起拱高度为跨度的0.3‰。
6.XB1:板厚90,上下Φ8@130,卫生间楼面应比其他楼面低30。
7.未注明的板上留洞详见其他专业施工图,除风井和烟道外,先将板筋布置好,待各专业管线安装好后再浇混凝土

层面	22.750	
6	18.550	4.20
5	14.950	3.60
4	11.350	3.60
3	7.750	3.60
2	4.150	3.60
1	-0.050	4.20
层号	标高(m)	层高(m)

结构层楼面标高
结 构 层 高

③ ▬ 1:20

××建筑设计有限公司	审 定		兴建单位	××工程公司		
	审 核		工程名称	某厂房	合同号	
	校 对				图 别	结施
	设 计		图 名	二层楼板平面图	图 号	08
签字齐全 盖章有效	制 图				日 期	

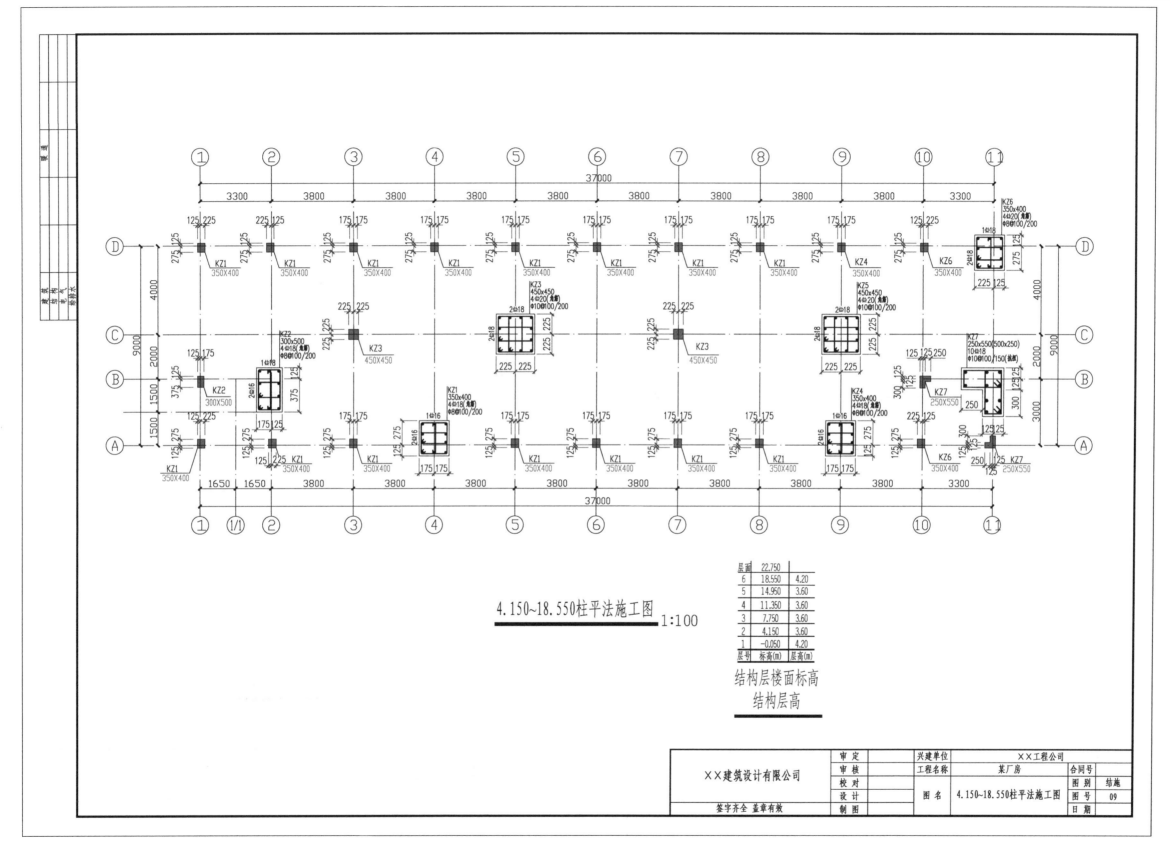

4.150~18.550柱平法施工图 1:100

层面	22.750	
6	18.550	4.20
5	14.950	3.60
4	11.350	3.60
3	7.750	3.60
2	4.150	3.60
1	-0.050	4.20
层号	标高(m)	层高(m)

结构层楼面标高
结构层高

××建筑设计有限公司	审定	兴建单位	××工程公司		
	审核	工程名称	某厂房	合同号	
	校对			图别	结施
	设计	图名	4.150~18.550柱平法施工图	图号	09
签字齐全 盖章有效	制图			日期	

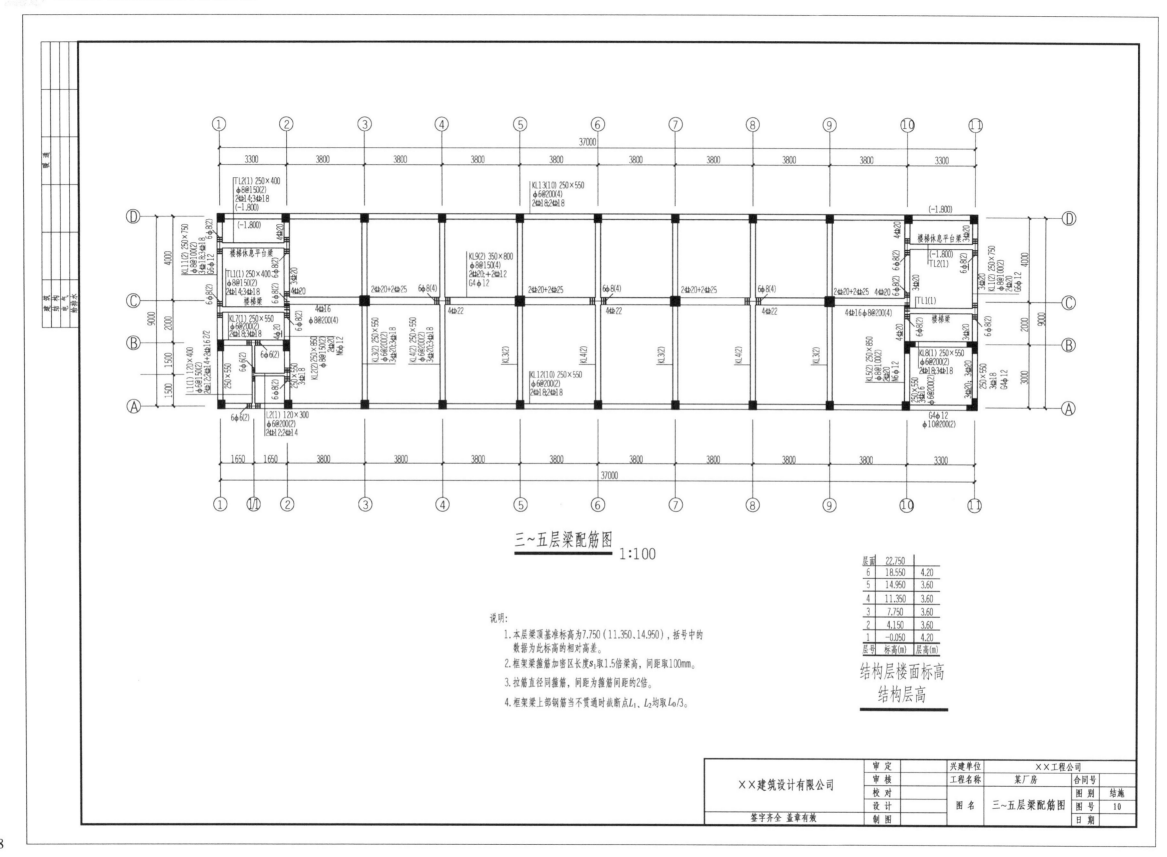

三~五层梁配筋图 1:100

说明:
1. 本层梁顶基准标高为7.750(11.350、14.950),括号中的数据为此标高的相对高差。
2. 框架梁箍筋加密区长度s_1取1.5倍梁高,间距取100mm。
3. 拉筋直径同箍筋,间距为箍筋间距的2倍。
4. 框架梁上部钢筋当不贯通时截断点L_1、L_2均取$L_0/3$。

层面	22.750	
6	18.550	4.20
5	14.950	3.60
4	11.350	3.60
3	7.750	3.60
2	4.150	3.60
1	-0.050	4.20
层号	标高(m)	层高(m)

结构层楼面标高
结构层高

XX建筑设计有限公司

签字齐全 盖章有效

审定		兴建单位	XX工程公司		
审核		工程名称	某厂房	合同号	
校对				图别	结施
设计		图名	三~五层梁配筋图	图号	10
制图				日期	

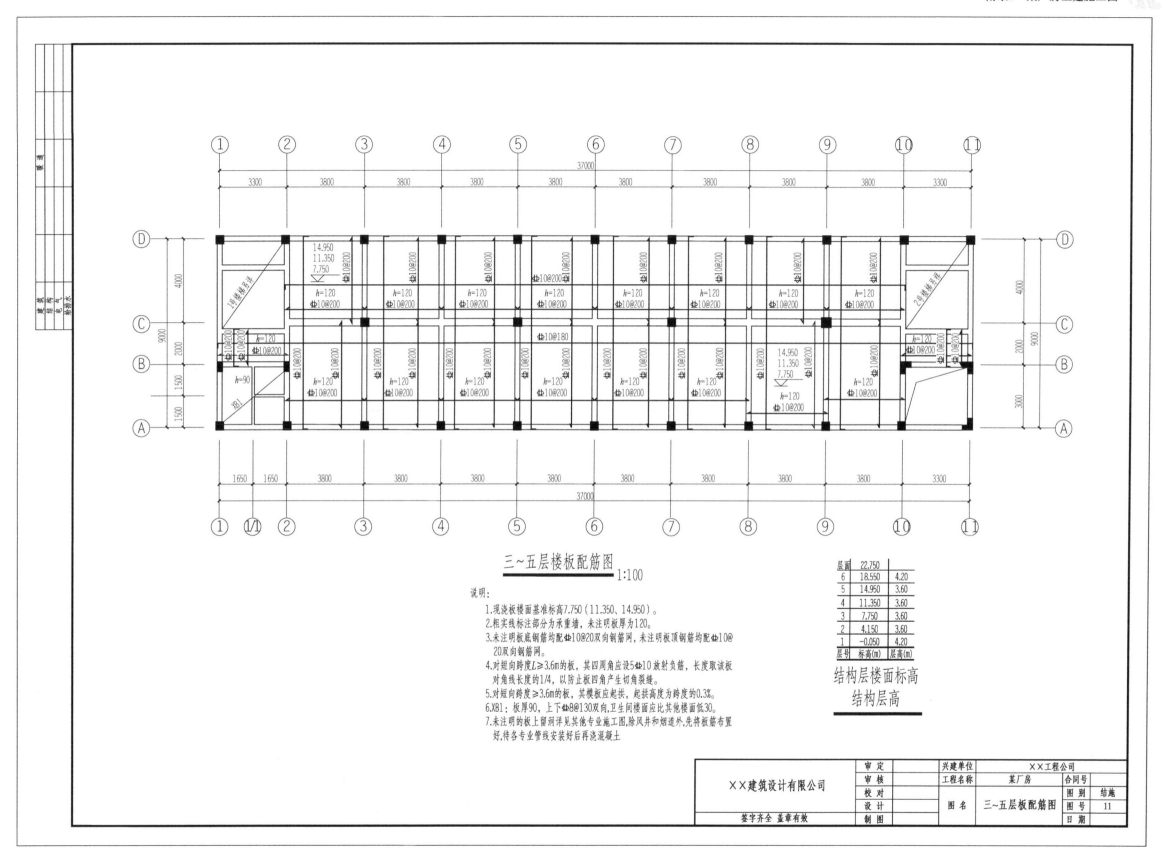

三~五层楼板配筋图 1:100

说明:
1.现浇板楼面基准标高7.750(11.350、14.950)。
2.粗实线标注部分为承重墙,未注明板厚为120。
3.未注明板底钢筋均配Φ10@20双向钢筋网,未注明板顶钢筋均配Φ10@20双向钢筋网。
4.对短向跨度L≥3.6m的板,其四周应设5Φ10放射负筋,长度取该板对角线长度的1/4,以防止板四角产生切角裂缝。
5.对短向跨度≥3.6m的板,其模板应起拱,起拱高度为跨度的0.3‰。
6.XB1:板厚90,上下Φ8@130双向,卫生间楼面应比其他楼面低30。
7.未注明的板上留洞详见其他专业施工图,除风井和烟道外,先将板筋布置好,待各专业管线安装好后再浇混凝土

层号	标高(m)	层高(m)
层面	22.750	
6	18.550	4.20
5	14.950	3.60
4	11.350	3.60
3	7.750	3.60
2	4.150	3.60
1	-0.050	4.20

结构层楼面标高
结构层高

××建筑设计有限公司	审 定		兴建单位	××工程公司		
	审 核		工程名称	某厂房	合同号	
	校 对				图别	结施
	设 计		图 名	三~五层板配筋图	图号	11
签字齐全 盖章有效	制 图				日 期	

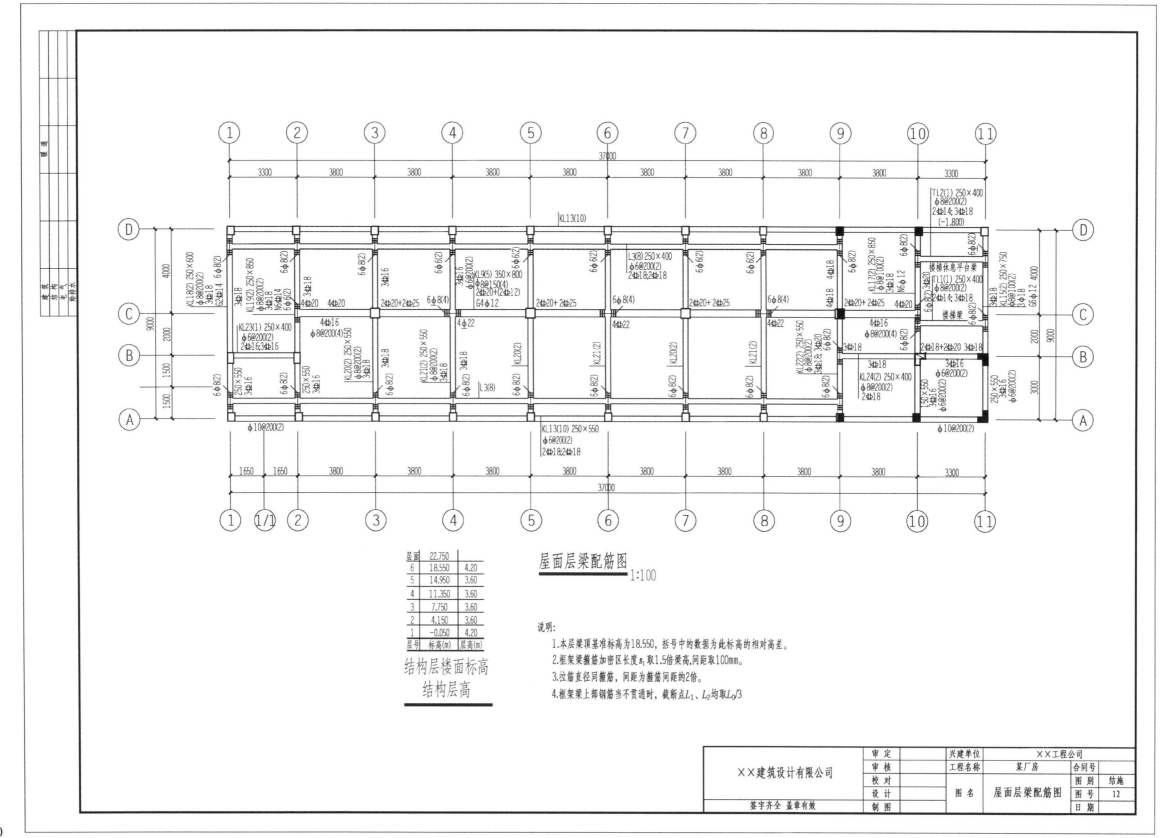

屋面层梁配筋图 1:100

屋面	22.750	
6	18.550	4.20
5	14.950	3.60
4	11.350	3.60
3	7.750	3.60
2	4.150	3.60
1	-0.050	4.20
层号	标高(m)	层高(m)

结构层楼面标高
结构层高

说明:
1. 本层梁顶基准标高为18.550, 括号中的数据为此标高的相对高差。
2. 框架梁箍筋加密区长度s_1取1.5倍梁高, 间距取100mm。
3. 拉筋直径同箍筋, 间距为箍筋间距的2倍。
4. 框架梁上部钢筋当不贯通时, 截断点L_1、L_2均取$L_0/3$

××建筑设计有限公司		审 定		兴建单位	××工程公司		
		审 核		工程名称	某厂房	合同号	
		校 对				图别	结施
		设 计		图 名	屋面层梁配筋图	图号	12
签字齐全 盖章有效		制 图				日 期	

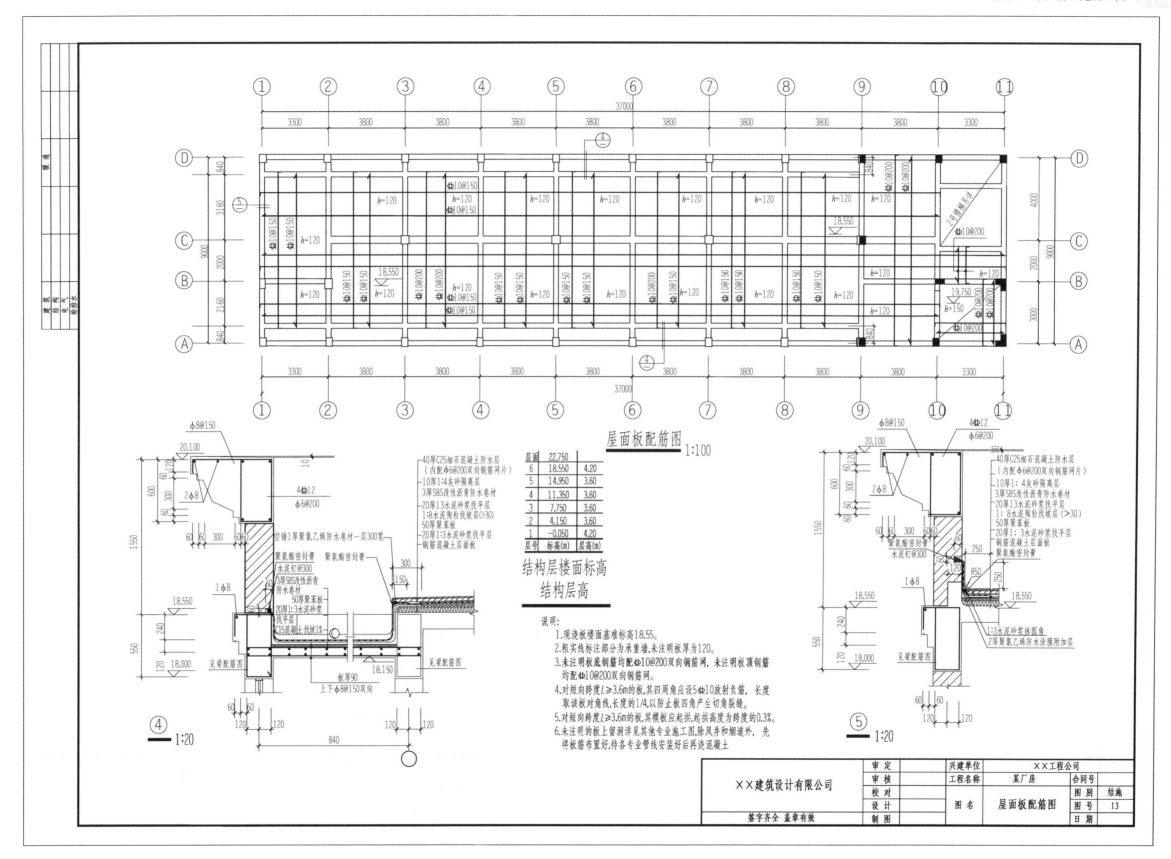

屋面板配筋图 1:100

层面	22.750	
6	18.550	4.20
5	14.950	3.60
4	11.350	3.60
3	7.750	3.60
2	4.150	3.60
1	-0.050	4.20
层号	标高(m)	层高(m)

结构层楼面标高
结构层高

说明:
1.现浇板楼面基准标高18.55。
2.粗实线标注部分为承重墙,未注明板厚为120。
3.未注明板底钢筋均业10@200双向钢筋网,未注明板顶钢筋均配业10@200双向钢筋网。
4.对短向跨度l≥3.6m的板,其四周角应设5业10放射负筋,长度取该板对角线,长度的1/4,以防止板四角产生切角裂缝。
5.对短向跨度l≥3.6m的板,其模板应起拱,起拱高度为跨度的0.3%。
6.未注明的板上留洞洋见其他专业施工图,除风井和烟道外,先将板筋布置好,待各专业管线安装好后再浇混凝土

④ 1:20

⑤ 1:20

××建筑设计有限公司	审 定		兴建单位	××工程公司		
	审 核		工程名称	某厂房	合同号	
	校 对				图别	结施
	设 计		图 名	屋面板配筋图		
签字齐全 盖章有效	制 图				图号	13
					日期	

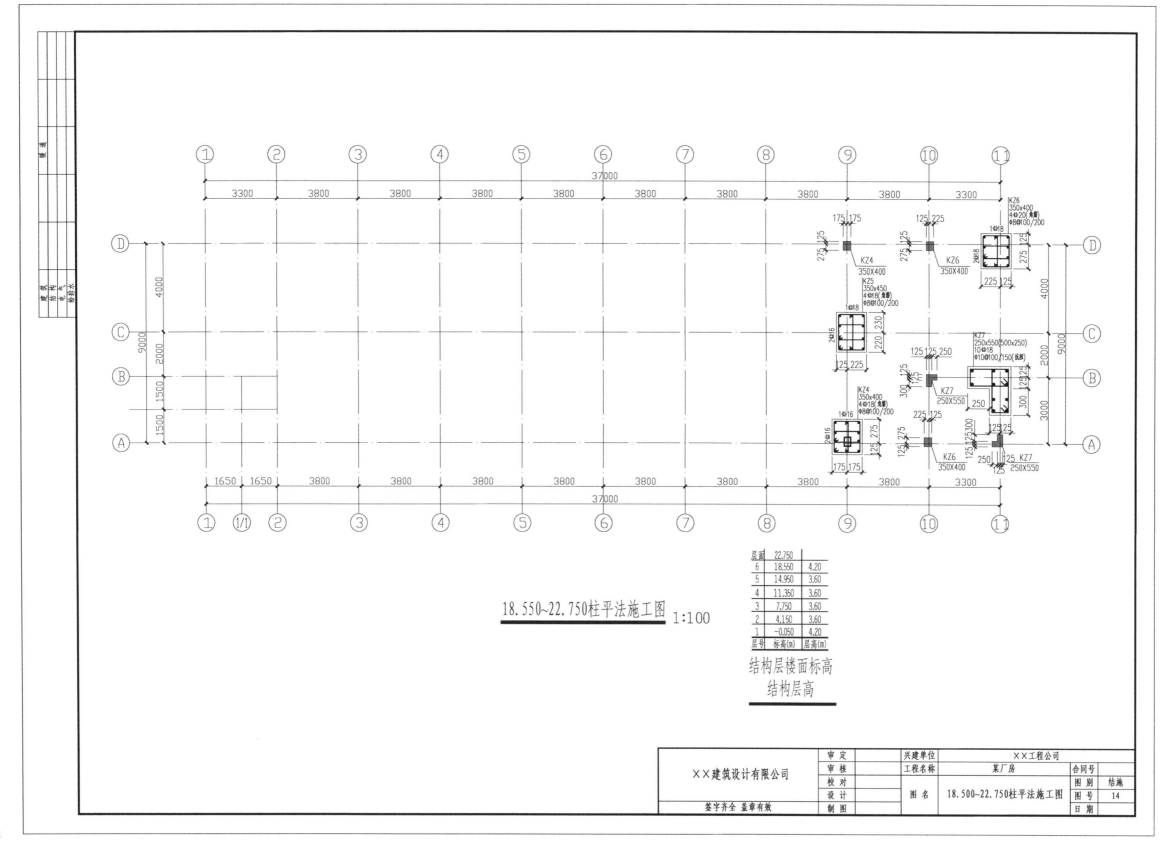

18.550~22.750柱平法施工图 1:100

层面	22.750	
6	18.550	4.20
5	14.950	3.60
4	11.350	3.60
3	7.750	3.60
2	4.150	3.60
1	-0.050	4.20
层号	标高(m)	层高(m)

结构层楼面标高
结构层高

××建筑设计有限公司		审定		兴建单位	××工程公司			
		审核		工程名称	某厂房		合同号	
		校对					图别	结施
		设计		图名	18.500~22.750柱平法施工图		图号	14
签字齐全 盖章有效		制图					日期	

142

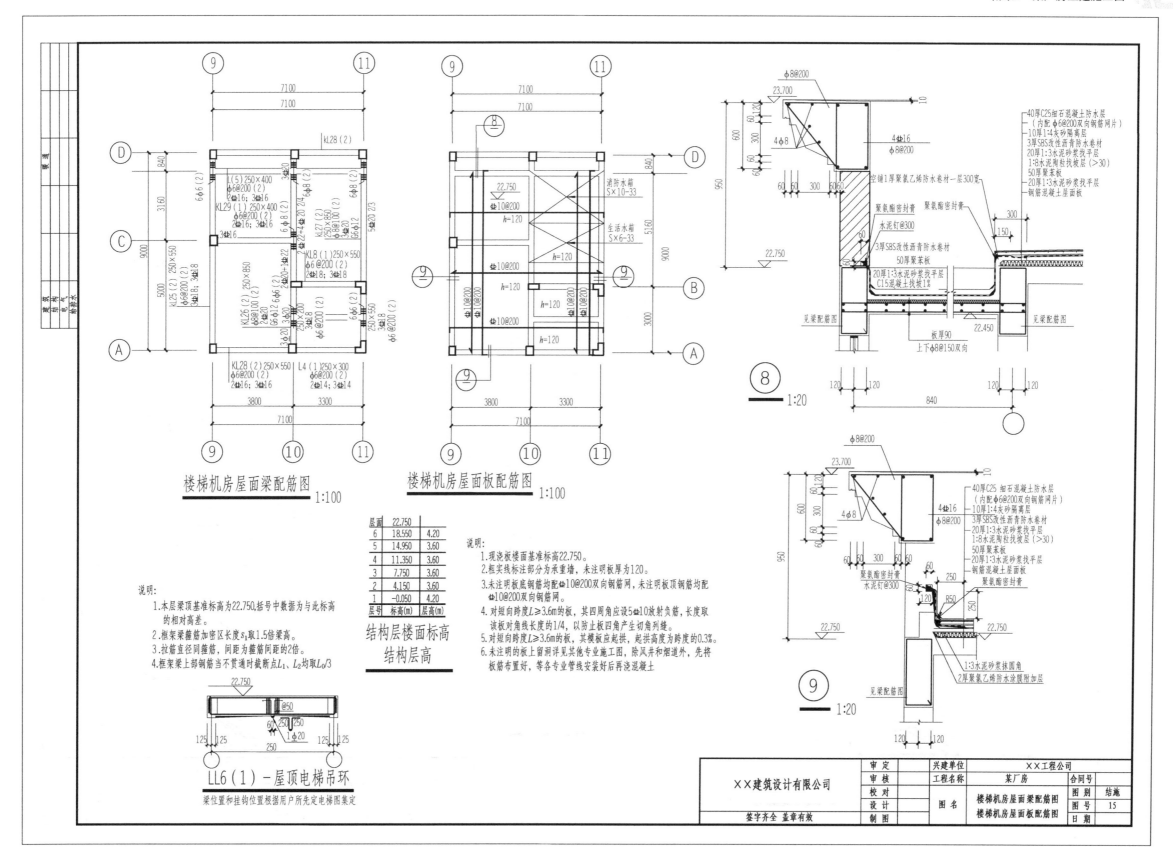

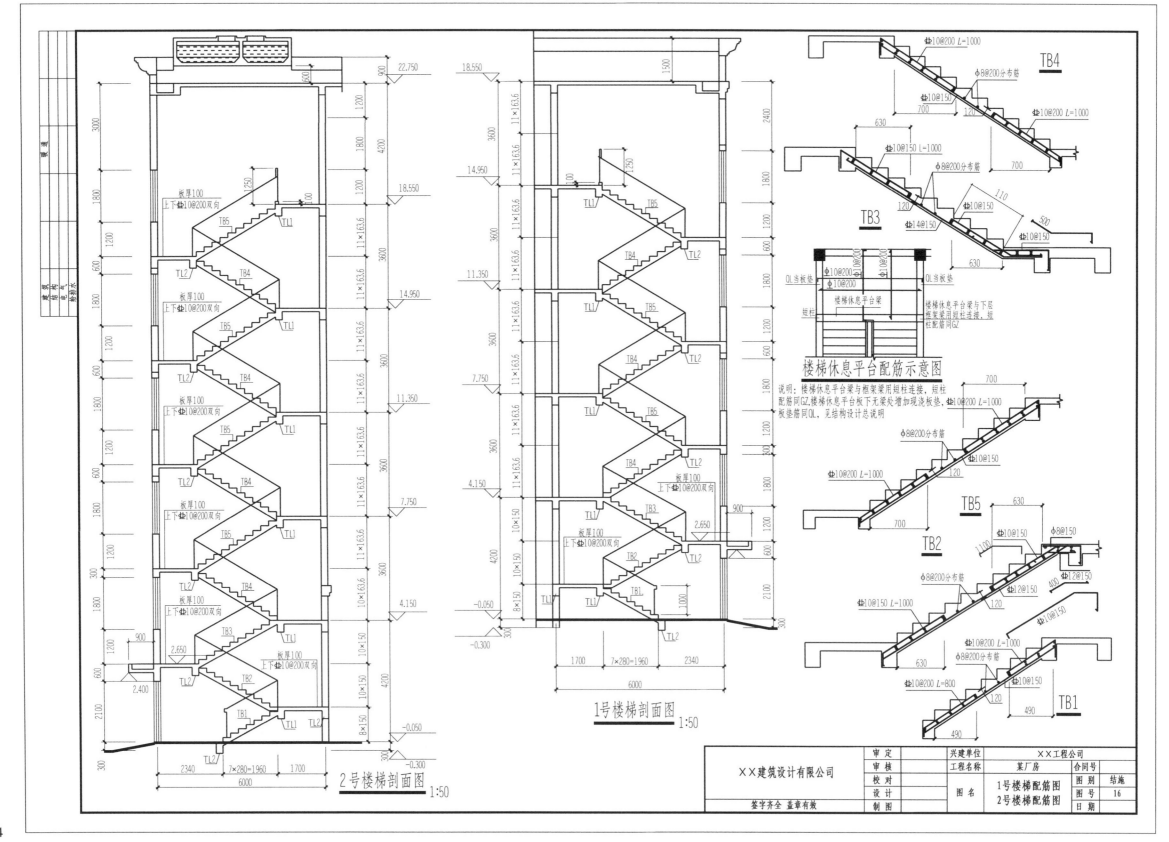

2号楼梯剖面图 1:50

1号楼梯剖面图 1:50

楼梯休息平台配筋示意图

说明：楼梯休息平台梁与框架梁用短柱连接，短柱配筋同GZ。楼梯休息平台板下无梁处增加现浇板垫，板垫筋同QL，见结构设计总说明

TB4

TB3

TB5

TB2

TB1